U0319288

高等院校应用型特色规划教材

机械设计课程设计指导

魏　峥　主　编

清华大学出版社
北　京

内 容 简 介

本书以圆柱齿轮减速器设计为例，着重介绍减速器设计的内容、方法和步骤。全书共18章，包括总论、机械传动装置的总体设计、传动零件的设计计算、减速器装配草图的设计、减速器装配工作图的设计、零件工作图的设计、编写设计说明书及答辩、机械设计课程设计题目、常用数据及一般标准与规范、机械设计中常用材料、连接、滚动轴承、联轴器、润滑和密封、渐开线圆柱齿轮精度、锥齿轮精度、圆柱蜗杆、蜗轮精度设计、课程设计参考图例。

本书以适用为主，既可作为高等院校机械类或近机类专业机械设计(基础)课程理论教学的配套教材及课程设计的教材，也可作为相关专业成人教育或远程教育用书，还可供有关工程技术人员参考。

图书在版编目(CIP)数据

机械设计课程设计指导/魏峥主编. --北京：清华大学出版社，2015
(高等学校应用型特色规划教材)
ISBN 978-7-302-35908-1

Ⅰ. ①机… Ⅱ. ①魏… Ⅲ. ①机械设计—课程设计—高等学校—教材 Ⅳ. ①TH122-41

中国版本图书馆 CIP 数据核字(2014)第 061883 号

责任编辑：孟　攀
封面设计：杨玉兰
责任校对：周剑云
责任印制：沈　露

出版发行：清华大学出版社
　　　　网　　　址：http://www.tup.com.cn，http://www.wqbook.com
　　　　地　　　址：北京清华大学学研大厦 A 座　　　　邮　　编：100084
　　　　社 总 机：010-62770175　　　　　　　　　　　邮　　购：010-62786544
　　　　投稿与读者服务：010-62776969，c-service@tup.tsinghua.edu.cn
　　　　质 量 反 馈：010-62772015，zhiliang@tup.tsinghua.edu.cn
　　　　课 件 下 载：http://www.tup.com.cn，010-62791865
印 刷 者：北京富博印刷有限公司
装 订 者：北京市密云县京文制本装订厂
经　　销：全国新华书店
开　　本：185mm×260mm　　　印　张：13　　　字　数：314 千字
版　　次：2015 年 1 月第 1 版　　　　　　　印　次：2015 年 1 月第 1 次印刷
印　　数：1～3000
定　　价：27.00 元

产品编号：047014-01

前　言

　　"机械设计课程设计"是机械、机电类专业重要的实践教学环节，重点培养和训练学生综合应用课程及综合应用设计标准、规范和资料信息的能力。

　　本书以圆柱齿轮减速器设计为主线，按照机械设计课程设计的总体思路和顺序，循序渐进、由浅入深，详细地介绍圆柱齿轮减速器，圆锥-圆柱齿轮减速器和蜗杆减速器设计的各个环节。书中还包括机械设计的常用标准、规范和参考图例等。

　　各章主要内容如下。

　　第 1 章为总论，内容包括机械设计课程设计的基本目的、机械设计课程设计的基本要求、机械设计课程设计的内容和机械设计课程设计中应注意的问题。

　　第 2 章为机械传动装置的总体设计，内容包括传动系统的组成和传动方案的拟订、电动机的选择、传动装置总体传动比的计算及其分配、传动装置的运动参数和动力参数的计算。

　　第 3 章为传动零件的设计计算，内容包括减速器外传动件的设计、减速器内部传动零件的设计和联轴器的选择。

　　第 4 章为减速器装配草图的设计，内容包括装配草图设计前的准备工作，草图设计的第一阶段，轴、轴承、键的校核计算，草图设计的第二阶段，草图设计的第三阶段和装配草图的检查。

　　第 5 章为减速器装配工作图的设计，内容包括装配工作视图的绘制、装配工作图的尺寸标注、装配工作图上零件序号、明细栏和标题栏的编写、编制减速器的技术特性表、编制减速器的技术要求和装配工作图的检查。

　　第 6 章为零件工作图的设计，内容包括轴类零件工作图、齿轮类零件工作图和机体零件工作图。

　　第 7 章为编写设计说明书及答辩，内容包括设计计算说明书的内容、编写设计计算说明书时应注意的事项、书写格式和课程设计的总结和答辩。

　　第 8 章为机械设计课程设计题目，内容包括课程设计题目及任务、课程设计工作量、进度计划与时间安排、设计内容检查和设计成绩评定。

　　第 9 章为常用数据及一般标准与规范，内容包括机械制图一般规定和一般标准、零件的结构要素。

　　第 10 章为机械设计中常用材料，内容包括黑色金属、有色金属和常用热处理方法。

　　第 11 章为联接，内容包括螺纹联接、键联接和销联接。

　　第 12 章为滚动轴承，内容包括球轴承和滚子轴承。

　　第 13 章为联轴器，内容包括凸缘联轴器、弹性套柱销联轴器和弹性柱销联轴器。

　　第 14 章为润滑和密封，内容包括润滑剂、润滑装置和密封标准件。

　　第 15 章为渐开线圆柱齿轮精度，内容包括齿轮精度等级、公差与极限偏差项目、齿轮副的侧隙选用、齿坯精度和图样标注。

第 16 章为锥齿轮精度，内容包括精度等级、精度项目的选择、齿轮副侧隙、齿坯检验与公差和图样标注。

第 17 章为圆柱蜗杆、蜗轮精度设计，内容包括精度等级和蜗杆、蜗轮的检验与公差、蜗杆传动的侧隙、齿坯公差和图样标注。

第 18 章为课程设计参考图例，内容包括减速器外观图、减速器装配图和减速器零件图。

本书由魏峥任主编，张彦斐、陈海真、王红梅任副主编，其中：张彦斐编写第 1 章，郭前建编写第 2 章，毛崇智编写第 3 章，魏峥编写第 4 章，赵彦峻和于珊珊编写第 5 章和第 11 章，李爱军和徐红芹编写第 6 章和第 12 章，贺磊编写第 7 章，陈海真和王红梅编写第 8 章和第 12 章，于洁和翟晓庆编写第 9～10 章、第 13～18 章。

鉴于编者水平有限，书中难免有不妥和需要改进之处，恳请同行和读者批评指正。

编者

目　　录

第1章 总 论

"机械设计课程设计"是机械类专业和部分非机械类专业学生第一次较全面的机械设计训练，是机械设计和机械设计基础课程的一个重要的综合性与实践性教学环节。

1.1 机械设计课程设计的基本目的

机械设计课程设计的基本目的如下。

(1) 通过机械设计课程设计实践，培养综合运用机械设计课程和其他先修课程的理论，结合生产实际知识，培养分析和解决一般工程实际问题的能力，并使所学知识得到进一步巩固、深化和扩展。

(2) 学习机械设计的一般方法，掌握通用机械零件部件、机械传动装置或简单机械的设计原理和过程。

(3) 进行机械设计基本技能的训练，如计算、绘图，熟悉和运用设计资料(手册、图册、标准和规范等)以及使用经验数据进行经验估算和数据处理等。

1.2 机械设计课程设计的基本要求

机械设计课程设计的基本要求如下。

(1) 能从机器功能要求出发，制订或分析设计方案，合理地选择电动机、传动机构和零件。

(2) 能按机器的工作状况分析和计算作用在零件上的载荷，合理选择零件材料，正确计算零件工作能力和确定零件的主要参数及尺寸。

(3) 能考虑制造工艺、安装与调整、使用与维护、经济和安全等问题，对机器和零件进行结构设计。

(4) 图面符合制图标准，尺寸及公差标注正确，技术要求完整合理。能编写设计说明书及其他相关技术文件。

1.3 机械设计课程设计的内容

机械设计课程设计一般选择由本课程所学过的大部分通用零件组成的机械传动装置或简单机械作为设计题目。目前较多采用以齿轮减速器或蜗杆减速器为主体的机械减速传动装置为设计题目，因为这类选题不仅可以反映机械设计课程设计的主要教学内容，同时可以使学生得到较全面的基本训练，便于达到课程设计的目的。

机械设计课程设计的内容如下。

(1) 传动系统的方案设计和总体设计。

(2) 各级传动零件的设计计算。

(3) 减速器装配工作图的结构设计及绘制。

(4) 零件工作图的设计和绘制。

(5) 整理、编写设计说明书。

1.4　机械设计课程设计中应注意的问题

机械设计课程设计是在教师指导下由学生独立完成的，为达到培养学生设计能力的要求，学生应坚持理论联系实际的正确设计思路，独立思考，严肃认真，按要求完成设计任务。

在机械设计课程设计中应注意以下几个问题。

(1) 明确学习目的、端正学习态度。

在设计过程中必须严肃认真、刻苦钻研、一丝不苟、精益求精，特别是在时间上要抓紧，不能前松后紧。这样才能在设计思想、方法和技能等各方面都获得较好的锻炼和提高。

(2) 发挥独立工作能力。

教师的指导作用主要在于使学生明确设计思路，启发学生独立思考，解答疑难问题和按设计进程进行阶段审查等。在设计中，学生应充分发挥创造性和主观能动性，认真阅读有关设计资料和课程设计指导书，仔细分析参考图例的结构，培养认真思考问题、分析问题和解决问题的能力，并独立完成设计，而不应该被动地依赖教师出主意、给数据和定答案。同时也反对盲目抄袭，不求甚解的学习态度。

(3) 正确处理理论计算和结构设计的关系。

机械零件尺寸不可能完全由理论设计确定，而应综合考虑零件结构、加工、装配、经济性和使用条件等要求。通过强度条件计算出来的零件尺寸，常常是零件必须满足的最小值，而不一定就是最终采用的结构尺寸。例如轴的尺寸，在进行结构设计时，要综合考虑轴上零件装拆、调整和固定以及加工工艺要求，并进行强度校核计算，才最后确定。因此，在设计过程中，设计计算和结构设计是相互补充、交替进行的。应贯彻"边计算、边画图、边修改"这种三边设计方法。产品设计需要经过多次反复修改才能提高设计质量。

此外，一些次要尺寸不需强度校核。有的可根据经验公式确定，如箱体的结构尺寸等；有的则由设计者考虑加工、使用等条件，参照类似结构，用类比的方法确定，例如轴上的定位轴套、挡油环等。

(4) 正确处理继承与创新的关系。

长期的设计和生产实践已经积累了许多可供参考和借鉴的宝贵经验和资料，继承和发展这些经验和成果，不但可以减少重复工作，加快设计进程，同时也是提高设计质量的重要保证。设计人员应注意利用和继承已有的成果和经验，不应闭门造车、凭空臆造，要善于吸取前人的经验和成果，掌握和使用已有的设计资料。但是，不能盲目地、机械地抄袭已有的类似产品，应在继承的基础上，根据具体条件和要求，敢于创新，敢于提出新方案，不断完善和改进设计。所以，设计是继承和创新相结合的过程。

(5) 正确使用标准和规范。

设计中是否采用标准和规范，也是评价设计质量的一项指标。设计中采用标准和规范，有利于零件的互换性和加工工艺性，节省设计时间，降低生产成本。设计时，对于国家标准、部颁标准，一般要严格遵守和执行。例如设计中采用的滚动轴承、带、链条、联轴器、密封件和紧固件等，其参数和尺寸必须严格遵守标准的规定。当然某些非标准零件，如轴承盖、观察孔盖板等，资料中所列尺寸若与实际情况不符，则可适当修改。

(6) 完美地表达出设计结果。

绘图时图纸的图面及格式、比例、图线、字体、视图表达尺寸标注等应严格遵守机械制图标准，要求图纸表达正确、完整、统一、清晰。图面整洁，设计说明书要求正确无误，格式符合要求，书写工整清晰，文字简明通顺。

用计算机进行绘图时，也有同样的要求，主要注意按要求进行初始设置。

(7) 及时检查和整理计算结果。

课程设计的计算部分，前后数据联系密切，计算过程中又经常要调整参数，修改计算数据，因此要求计算时达到正确、清晰、系统、完整，为编写设计计算说明书打下基础，同时从设计开始就要注意总结，为最佳答辩做好准备工作。

第2章　机械传动装置的总体设计

机器通常由原动机、传动装置和工作机三部分组成。传动装置用以传递动力和运动，变换运动形式以实现工作机预定的工作要求，因而是机器的重要组成部分。实践证明，机器的工作性能、重量、成本在很大程度上取决于传动装置的性能、质量及设计布局的合理性。

机械传动装置的总体设计，包括传动方案的拟定和分析、电动机型号的选择、总传动比的计算及其分配、传动装置的运动参数和动力参数计算，它为各级传动设计和装配草图绘制提供依据。

2.1　传动系统的组成和传动方案的拟订

合理的传动方案除应满足工作机的性能要求和适应工作条件外，还应满足工作可靠、传动效率高、结构简单、尺寸紧凑、成本低和使用维修方便等要求。要同时满足上述要求往往是困难的，设计时应优先保证重点要求。

2.1.1　传动系统的组成

常用的带式运输机传动装置如图 2-1(a)所示。它是由电动机、联轴器、齿轮减速器、联轴器和运输带组成，其传动原理如图 2-1(b)所示。

工作时由电动机的轴输出、经联轴器等速传递到齿轮减速器，经减速器减速后，再由联轴器等速传递到运输机的滚筒，滚筒通过摩擦力驱动运输带产生移动，将物料从一处运送到另一处。

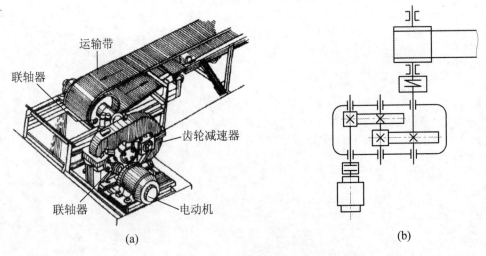

运输带

联轴器

齿轮减速器

联轴器　　　　电动机

(a)　　　　　　　　　　　　　(b)

图 2-1　带式运输机及其传动简图

2.1.2　传动机构类型的比较

选择传动机构的类型是拟订传动方案的重要一环，通常应考虑机器的动力、运动和其他要求，再结合各种传动机构的特点和适用范围，通过分析比较，合理选择。常用传动机构的性能和适用范围如表 2-1 所示。

表 2-1　常用传动机构的性能及适用范围

类　型		传递功率 (kW)	速度(m/s)	效率		传动比		特　点
				开　式	闭　式	一般范围	最大值	
普通 V 带传动		<500	25～30	0.94～0.97		2～4	<7	传动平稳，噪声小，能缓冲吸振，结构简单，轴间距离大，成本低，外廓尺寸大，传动比不恒定，寿命短
链传动 (滚子链)		<100	<20	0.90～0.93	0.95～0.97	2～6	<8	工作可靠，平均传动比恒定，轴间距离大，对恶劣环境能适应，瞬时速度不均匀，高速时运动不平稳，多用于低速传动
圆柱齿轮传动	一级开式	直齿<750; 斜齿和人字齿轮 <50000	7 级精度<25; 5 级精度以上的斜齿 15～130	一对齿轮 0.94～0.96	一对齿轮 0.96～0.99	3～7	<15～20	承载能力和速度范围大，传动比恒定，外廓尺寸小，工作可靠，效率高，寿命长制造安装精度要求高，噪声大，成本较高
	一级减速器					3～6	<12.5	
	二级减速器					8～40	<60	
圆锥齿轮传	一级开式	直齿 <1000 曲线齿 <15000	直齿<5 曲线齿 5～40	一对齿轮 0.92～0.95		2～4	<8	
	一级减速器				一对齿轮 0.94～0.98	2～3	<6	

续表

类　型		传递功率 (kW)	速度(m/s)	效　率		传动比		特　点
				开　式	闭　式	一般 范围	最大值	
蜗杆传动	一级开式 单头	通常<50 最大达750	滑动速度 v_s<15 个别达到35	一对蜗轮 副 0.50～ 0.60		15～60	<120	结构紧凑，传动比大，传动平稳，噪音小。效率较低，制造精度要求较高，成本较高
	一级开式 双头			一对蜗轮 副 0.60～ 0.70				
	一级减速器 单头				一对蜗轮副 0.70～0.75			
	一级减速器 双头				一对蜗轮副 0.75～0.82			
	一级减速器 三头以上				一对蜗轮副 0.82～0.92			

2.1.3　常用减速器的型式、特点及其应用

　　减速器的种类很多，按照传动类型可分为齿轮减速器、蜗杆减速器和行星减速器以及它们互相组合起来的减速器；按照传动的级数可分为单级和多级减速器；按照齿轮形状可分为圆柱齿轮减速器、圆锥齿轮减速器和圆锥—圆柱齿轮减速器；按照传动的布置形式又可分为展开式、分流式和同轴式减速器。常用的减速器型式及其特点和应用如表 2-2 所示。

表 2-2　常用减速器的型式和应用

名　称	运动简图	推荐传动比	特点及应用
单级圆柱齿轮减速器		i≤8～10	转齿可做成直齿、斜齿和人字齿。直齿用于速度较低(v≤8m/s)载荷较轻的转动；斜齿轮用于速度较高的传动，人字齿轮用于载荷较重的传动中，箱体通常用铸铁做成，单件或小批生产有时采用焊接结构。轴承一般采用滚动轴承，重载或特别高速时采用滑动轴承

名　　称	运动简图	推荐传动比	特点及应用
两级圆柱齿轮减速器展开式		$i=i_1i_2$ $i=8\sim60$	结构简单、但齿轮相对于轴承的位置不对称，因此要求轴有较大的刚度。高速级齿轮布置在远离转矩输入端，这样，轴在转矩作用下产生的扭转变形和轴在弯矩作用下产生的弯曲变形可部分地互相抵消，以减缓沿齿宽载荷分布不均匀的现象。用于载荷比较平稳的场合。高速级一般做成斜齿，低速级可做成直齿
两级圆柱齿轮减速器分流式		$i=i_1i_2$ $i=8\sim60$	结构复杂，但由于齿轮相对于轴承对称布置，与展开式相比载荷沿齿宽分布均匀，轴承受载较均匀。中间轴危险截面上的转矩只相当于轴所传递转矩的一半。适用于变载荷的场合。高速级一般用斜齿，低速级可用直齿或人字齿
两级圆柱齿轮减速器同轴式		$i= i_1i_2$ $i=8\sim60$	减速器横向尺寸较小，两对齿轮浸入油中深度大致相同，但轴向尺寸大和重量较大，且中间轴较长、刚度差，使沿齿宽载荷分布不均匀。高速轴的承载能力难以充分利用
三级圆柱齿轮减速器展开式		$i= i_1i_2i_3$ $i=40\sim400$	同两级展开式
三级圆柱齿轮减速器分流式		$i= i_1i_2i_3$ $i=40\sim400$	同两级展开式
单级圆锥齿轮减速器		$i=8\sim10$	齿轮可做成直齿、斜齿或曲线齿。用于两轴垂直相交的传动中，也可用于两轴垂直相错的传动中。由于制造安装复杂、成本高，所以仅在传动布置需要时才采用

续表

名　称	运动简图	推荐传动比	特点及应用
两级圆锥—圆柱齿轮减速器		$i=i_1i_2$ 直齿圆锥齿轮 $i=8\sim22$ 斜齿或曲线齿锥齿轮 $i=8\sim40$	特点同单级圆锥齿轮减速器，圆锥齿轮应在高速级，以使圆锥齿轮尺寸不致太大，否则加工困难
单级蜗杆减速器蜗杆下置式		$i=10\sim80$	蜗杆在蜗轮下方啮合处的冷却和润滑都较好，蜗杆轴承润滑也方便，但当蜗杆圆周速度高时，搅油损失大，一般用于蜗杆圆周速度 $v<10\text{m/s}$ 的场合
单级蜗杆减速器蜗杆上置式		$i=10\sim80$	蜗杆在蜗轮上，蜗杆的圆周速度可高些，但蜗杆轴承润滑不太方便
单级蜗杆减速器侧蜗杆式		$i=10\sim80$	蜗杆在蜗轮侧面，蜗轮轴垂直布置，一般用于水平旋转机构的传动
两级蜗杆减速器		$i=i_1i_2$ $i=43\sim3600$	传动比大，结构紧凑，但效率低
齿轮—蜗杆减速器		$i=i_1i_2$ $i=15\sim480$	有齿轮传动在高速级和蜗杆传动在高速级两种型式。前者结构紧凑，而后者传动效率高

2.1.4　传动形式的合理布置

在多级传动中，各类传动机构的布置顺序不仅影响传动的平稳性和传动效率，而且对整个传动装置的结构尺寸也有很大影响。因此，应根据各类传动机构的特点合理布置，使各类传动机构得以充分发挥其优点。常用传动机构的一般布置原则如下。

(1) 带传动承载能力较低，但能缓冲吸震，有过载保护作用，被广泛采用。为使带传动获得较为紧凑的结构尺寸，应布置在传动系统的高速级。若带传动水平布置时，应使其松边在上。

(2) 斜齿圆柱齿轮较之直齿圆柱齿轮，具有传动平稳，承载能力高等优点，应优先采用。

(3) 蜗杆传动大多用于传动比大而传递功率不大，且要求结构紧凑的场合，其承载能力比齿轮低。通常布置在高速级，以获得较小的结构尺寸和较高的效率。

(4) 链传动运转不平稳，有冲击，宜布置在低速级。若链传动为水平布置时，应使其松边在下。

2.1.5　传动方案的拟订

合理的传动方案首先应满足机器的工作要求，如所传递的功率要求的转速。此外，还应保证机器的工作性能和可靠性，具有较高的传动效率，工艺性好，结构简单，成本低廉，结构紧凑和使用维护方便等。但同时达到这些要求是不容易的，因此在设计过程中，往往需要拟订多种方案以进行技术经济分析和比较。

现以图 2-2 所示的带式运输机的四种传动方案为例，作简单的分析比较。

方案(a)为电动机直接接在蜗杆减速器上，结构最紧凑，但在长期连续运转条件下，由于蜗杆传动效率低，功率损失大。

方案(b)为电动机直接接在锥齿轮—圆柱齿轮减速器上，方案(b)的宽度尺寸较(c)小，但锥齿轮加工比圆柱齿轮困难。

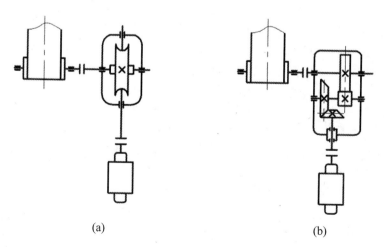

(a)　　　　　　　　　　　　　　(b)

图 2-2　带式运输机的四种传动方案

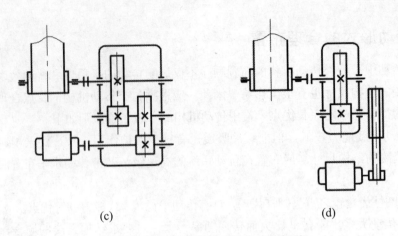

(c)　　　　　　　　　　　　(d)

图 2-2　带式运输机的四种传动方案(续)

方案(c)为电动机直接接在两级圆柱齿轮减速器上,该方案的优点是圆柱齿轮易加工制造,缺点是宽度尺寸较大。

方案(d)的第一级为 V 带传动,第二级为单级圆柱齿轮减速器,带传动能缓冲、吸振,过载时起安全保护作用,该方案通常得到广泛应用。但结构上宽度和长度尺寸都较大,且带传动不适用于繁重的工作条件和恶劣的环境。

带式运输机的传动方案不止上述四种,各类传动方案也各有所长,设计者应根据不同的性能要求和工作特点,选取合适的传动方案。

2.2　电动机的选择

传动方案确定以后,应根据工作机的要求,选择电动机的类型、功率和转速。

2.2.1　选择电动机类型

电动机是通用机械中应用极为广泛的动力机,电动机已经系列化,一般由专门工厂按标准系列成批大量生产,在机械设计中根据工作载荷(大小、特性及其变化情况)、工作要求(转速高低、允差和调速要求、启动和反转频繁程度)、工作环境(尘土、金属屑、油、水、高温及爆炸气体等)、安装要求及尺寸、质量有无特殊限制等条件从产品目录中选择电动机的类型和结构型式、容量(功率)和转速,确定具体的型号。

其中 Y 系列全封闭自扇冷式笼型三相异步电动机是按照国际电工委员会(IEC)标准全国统一设计的新系列标准产品,具有效率高、性能好、振动小等优点,适用于空气中不含易燃、易爆或腐蚀性气体的场所和无特殊要求的机械上。机械设计课程设计中的动力机一般均可选用这种类型的电动机。选择电动机时,应依据所选电动机的机械特性与工作机的负载特性相匹配的原则来确定电动机型号。

2.2.2　确定电动机的容量

电动机的容量(额定功率)选择是否合适,对电动机的正常工作和经济性都有影响。功率选得过小,就不能保证工作机正常工作,或使电动机因超载而过早损坏;而功率选得过大，则电动机的价格过高，能力又不能充分利用，而且由于电动机经常不满载运行，其效率和功率因数都较低，增加电能消耗而造成能源的浪费。

电动机的容量主要根据运行时发热条件决定，额定功率是连续运转下电动机发热不超过许用温度的最大功率，额定转速是指负荷相当于额定功率时的电动机的转速，同一类型电动机，按额定功率和转速的不同，具有一系列的型号。对于长期连续运行的机械，要求所选电动机的额定功率 P_{ed} 应大于或等于电动机所需的功率 P_n，即 $P_{ed} \geq P_n$。

电动机所需的输出功率为

$$P_n = \frac{P_w}{\eta} \tag{2-1}$$

式中：P_w——工作机所要求的输入功率(kW)；

　　　η——由电动机至工作机的总效率。

工作机要求功率 P_w 应由机器工作阻力和运动参数计算求得，在课程设计中，通常由设计任务书给定，按下式计算

$$P_w = \frac{Fv}{1000\eta_w}$$

　　或

$$P_w = \frac{T_w n_w}{9550\eta_w}$$

式中：F——工作机的阻力(N)；

　　　v——工作机的线速度(m/s)；

　　　T_w——工作机的阻力矩(N·m)；

　　　n_w——工作机的转速(r/min)；

　　　η_w——工作机的效率。

由电动机至工作机之间的传动装置总效率 η 按下式计算

$$\eta = \eta_1 \eta_2 \eta_3 \cdots \eta_n$$

式中：η_1、η_2、η_3、$\cdots$、η_n 分别为传动装置中每一传动副(如齿轮、蜗杆、带或链)、每对轴承或每种联轴器的效率，其值参照表 2-3。

表 2-3　机械传动效率的概略值

名　称	效　率
滚动轴承(每对)	0.98～0.995
滑动轴承(每对)	0.97～0.99
弹性联轴器	0.99～0.995
齿轮联轴器	0.99
万向联轴器	0.97～0.98

计算总效率 η 时注意的几个问题如下。

(1) 所取传动的效率中是否包括其支承轴承的效率，如已包括，则不再计入该对轴承的效率。轴承效率均指一对轴承而言。

(2) 同类型的几对传动副、轴承或联轴器，要分别计入各自的效率。

（3）蜗杆传动啮合效率与蜗杆参数、材料等因素有关，设计时可先初估蜗杆头数，初选其效率值，待蜗杆传动参数确定后再精确地计算效率，并校核传动功率。

（4）资料推荐的效率一般有一个范围，可根据传动副、轴承和联轴器等的工作条件、精度等要求选取具体值。例如，工作条件差、精度低、润滑不良的齿轮传动取小值，反之取大。

2.2.3　确定电动机的转速

相同容量的同类异步电动机，其同步转速有 3000r/min、1500r/min、1000r/min、750r/min 四种。电动机转速越高，则极数越少，尺寸和重量越小，价格也越低，但机械传动装置的总传动比增大，传动级数要增多，传动尺寸和成本都要增加。通常多用同步转速为 1500r/min 和 1000r/min 两类电动机。如无特殊要求，一般不选用 750r/min 的电动机。

为合理设计传动装置，根据工作机主动轴转速要求和各传动副的合理传动比范围，可推算出电动机转速的可选范围，即

$$n_d' = (i_1' \cdot i_2' \cdot i_3' \ \cdots \ i_n')n_w$$

式中：n_d'——电动机可选转速范围(r/min)；

$\quad\quad i_1' \cdot i_2' \cdot i_3' \ \cdots \ i_n'$——各级传动副传动比的合理范围(见表 2-1)；

$\quad\quad n_w$——工作机的转速(r/min)。

一般常用的且市场上供应最多的是同步转速为 1500r/min 和 1000r/min 这两种三相异步电动机，设计时应优先选用。

2.2.4　电动机的型号和主要计算数据

Y 系列电动机的型号、技术参数、外形尺寸及安装方式等如表 2-4、表 2-5 所示。

表 2-4　Y 系列(IP44)三相异步电动机技术条件(摘自 JB/T10391—2008)

电动机型号	额定功率(kW)	满载转速(r/min)	堵转转矩/额定转矩	最大转矩/额定转矩	电动机型号	额定功率(kW)	满载转速(r/min)	堵转转矩/额定转矩	最大转矩/额定转矩
同步转速 3000 r/min，2 极					Y200L2-2	37	2950	2.0	2.2
Y801-2	0.75	2825	2.2	2.3	Y225M-2	45	2970	2.0	2.2
Y802-2	1.1	2825	2.2	2.3	Y250M-2	55	2970	2.0	2.2
Y90S-2	1.5	2840	2.2	2.3	同步转速 1 500 r/min，4 极				
Y90L-2	2.2	2840	2.2	2.3	Y801-4	0.55	1390	2.2	2.3
Y100L-2	3	2880	2.2	2.3	Y802-4	0.75	1390	2.2	2.3
Y112M-2	4	2890	2.2	2.3	Y90S-4	1.1	1400	2.2	2.3
Y132S1-2	5.5	2900	2.0	2.3	Y90L-4	1.5	1400	2.2	2.3
Y132S2-2	7.5	2900	2.0	2.3	Y100L1-4	2.2	1420	2.2	2.3
Y160M1-2	11	2930	2.0	2.3	Y100L2-4	3	1420	2.2	2.3
Y160M2-2	15	2930	2.0	2.2	Y112M-4	4	1440	2.2	2.3
Y160L-2	18.5	2930	2.0	2.2	Y132S-4	5.5	1440	2.2	2.3
Y180M-2	22	2940	2.0	2.2	Y132M-4	7.5	1440	2.2	2.3
Y200L1-2	30	2950	2.0	2.2	Y160M-4	11	1460	2.2	2.3

续表

电动机型号	额定功率(kW)	满载转速(r/min)	堵转转矩额定转矩	最大转矩额定转矩	电动机型号	额定功率(kW)	满载转速(r/min)	堵转转矩额定转矩	最大转矩额定转矩
Y160L-4	15	1460	2.2	2.3	Y200L2-6	22	970	1.8	2.0
Y180M-4	18.5	1470	2.0	2.2	Y225M-6	30	980	1.7	2.0
Y180L-4	22	1470	2.0	2.2	Y250M-6	37	980	1.8	2.0
Y200L-4	30	1470	2.0	2.2	Y280S-6	45	980	1.8	2.0
Y225S-4	37	1480	1.9	2.2	Y280M-6	55	980	1.8	2.0
Y225M-4	45	1480	1.9	2.2	Y280M-4	90	1480	1.9	2.2
Y250M-4	55	1480	2.0	2.2	同步转速 750 r/min，8 极				
Y280S-4	75	1480	1.9	2.2	Y132S-8	2.2	710	2.0	2.0
同步转速 1000 r/min，6 极					Y132M-8	3	710	2.0	2.0
Y90S-6	0.75	910	2.0	2.0	Y160M1-8	4	720	2.0	2.0
Y90L-6	1.1	910	2.0	2.0	Y160M2-8	5.5	720	2.0	2.0
Y100L-6	1.5	940	2.0	2.0	Y160L-8	7.5	720	2.0	2.0
Y112M-6	2.2	940	2.0	2.2	Y180L-8	11	730	1.7	2.0
Y132S-6	3	960	2.0	2.2	Y200L-8	15	730	1.8	2.0
Y132M1-6	4	960	2.0	2.2	Y225S-8	18.5	730	1.7	2.0
Y132M2-6	5.5	960	2.0	2.2	Y225M-8	22	730	1.8	2.0
Y160M-6	7.5	970	2.0	2.2	Y250M-8	30	730	1.8	2.0
Y160L-6	11	970	2.0	2.2	Y280S-8	37	740	1.8	2.0
Y180L-6	15	970	1.8	2.0	Y280M-8	45	740	1.8	2.0
Y200L1-6	18.5	970	1.8	2.0					

表2-5 机座带底脚、端盖无凸缘的电动机安装与外形尺寸(摘自 JB/T10391—2008)

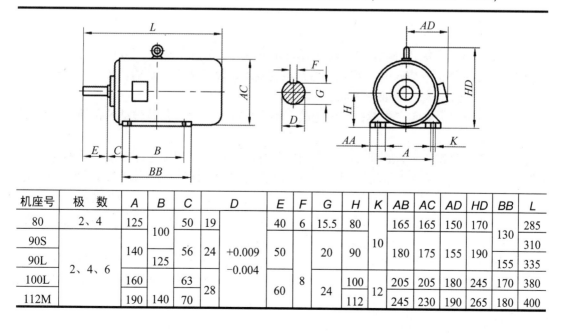

机座号	极 数	A	B	C	D		E	F	G	H	K	AB	AC	AD	HD	BB	L
80	2、4	125	100	50	19		40	6	15.5	80	10	165	165	150	170	130	285
90S	2、4、6	140	100	56	24	+0.009 −0.004	50		20	90	10	180	175	155	190	130	310
90L			125													155	335
100L		160	140	63	28		60	8	24	100	12	205	205	180	245	170	380
112M		190		70						112		245	230	190	265	180	400

续表

132S	2、4、6、8	216	178	89	38	+0.018 -0.002	80	10	33	132	15	280	270	210	315	200	475
132M																238	515
160M	2、4、6、8	254	210	108	42		110	12	37	160		330	325	255	385	270	600
160L			254													314	645
180M	2、4、6、8	279	241	121	48		110	14	42.5	180		355	360	285	430	311	670
180L			279													349	710
200L	2、4、6、8	318	305	133	55		140	16	49	200		395	400	310	475	379	775
225S	4、8	356	286	149	60		140	18	53	225	19	435	450	345	530	368	820
225M	2		311		55		110	16	49							393	815
225M	4、6、8				60				53								845
250M	2	406	349	168	60	+0.030 -0.011	140	18	53	250		490	495	385	575	455	930
250M	4、6、8				65				58								
280S	2	457	368	190	65			18	58	280	24	550	555	410	640	530	1000
280S	4、6、8				75			20	67.5								
280M	2		419		65			18	58							581	1050
280M	4、6、8				75			20	67.5								

2.3　传动装置总体传动比的计算及其分配

电机选定后，按照电动机的额定转速 n_{ed} 及工作机的转速 n_w ，可计算出传动装置的总传动比

$$i = \frac{n_{ed}}{n_w}$$

总传动比为各级传动比 i_1, i_2, i_3, …, i_n 的乘积，即

$$i = i_1 i_2 i_3 \cdots i_n$$

如何合理分配各级传动比，是传动装置设计中的又一个重要问题。传动比分配得合理，可以减小传动装置的外廓尺寸、重量，达到结构紧凑、降低成本的目的，还可以得到较好的润滑条件。分配传动比主要应考虑以下几点。

(1) 各级传动比均应在推荐范围内选取，不得超过最大值。各种传动的传动比常用值参见表 2-1。

(2) 各级传动零件应做到尺寸协调，结构匀称，避免相互间发生碰撞或安装不便。例如图 2-3 所示，由于高速级传动比 i_1 过大，致使高速级大齿轮直径过大而与低速轴相碰。又如图 2-4 所示，由 V 带和一级圆柱齿轮减速器组成的二级传动中，由于带传动的传动比过大，使得大带轮外圆半径大于减速器中心高，造成尺寸不协调，安装时需挖地基坑，为避免出现这种情况，应合理分配带传动与齿轮传动的传动比。

(3) 尽量使传动装置的外廓尺寸紧凑或重量较小。图 2-5 所示为二级圆柱齿轮减速器的两种传动比分配方案，在总中心距和总传动比相同时，图示方案(a)，i_2 较小，使得低速级大齿轮的直径也较小，从而获得结构紧凑的外廓尺寸。

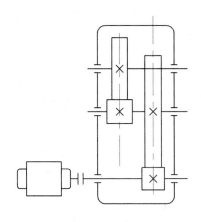

图 2-3　高速级大齿轮与低速轴干涉

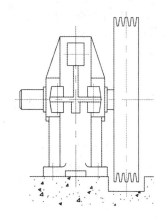

图 2-4　带轮过大造成安装不便

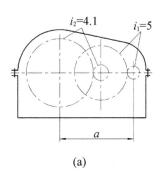

(a)

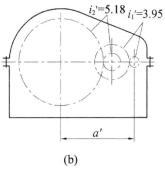

(b)

图 2-5　不同的传动比分配对外廓尺寸的影响

(4) 在卧式二级齿轮减速器中，各级齿轮都应得到充分润滑。为了避免因各级大齿轮都能浸到油，致使某级大齿轮浸油过深而增加搅油损失，通常为使各级大齿轮直径相近，应使高速级传动比大于低速级。

此时，高速级大齿轮能浸到油，低速级大齿轮直径稍大于高速级大齿轮，浸油只稍深而已。

对于展开式二级圆柱齿轮减速器，在两级齿轮配对材料、性能及齿宽系数大致相同的情况下，即齿面接触强度大致相等时，两级齿轮的传动比可按下式分配

$$i_1 = \sqrt{(1.3 \sim 1.5)i}$$
$$i_1 \approx (1.2 \sim 1.4)i_2$$

式中：i_1，i_2——高速级和低速级齿轮的传动比；

i——二级齿轮减速器的总传动比。

对于同轴式减速器，常取 $i_1 \approx i_2 = \sqrt{i}$。

(5) 对于圆锥—圆柱齿轮减速器，为了便于加工，大锥齿轮尺寸不应过大，为此应限制高速级锥齿轮的传动比 $i_1 \leqslant 3$，一般取 $i_1 \approx 0.25i$。

注意：以上传动比的分配只是初步的。传动装置的实际传动比必须在各级传动零件的参数，如带轮直径、齿轮齿数等确定后才能计算出来，故应在各级传动零件的参数确定后计算实际总传动比。一般允许总传动比的实际值与设计要求的规定值有±3%～±5%的误差。

还应指出，合理分配传动比是设计传动装置应考虑的重要问题，但为了获得更为合理的结构，有时单从传动比分配这一点出发还不能得到完善的结果，此时还应采取调整其他参数(如齿宽系数等)或适当改变齿轮材料等办法，以满足预定的设计要求。

2.4 传动装置的运动参数和动力参数的计算

为了进行传动零件的设计计算，需计算传动装置各轴的转速、功率和转矩。计算时可先将各轴从高速轴至低速轴依次编号，如Ⅰ轴、Ⅱ轴、Ⅲ轴……，如图 2-6 所示，再按顺序逐级计算。

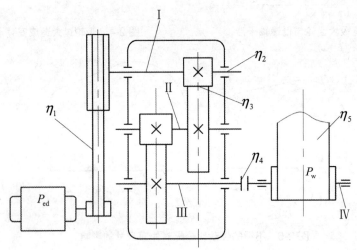

图 2-6 带式运输机的传动装置简图

(1) 各轴转速 n(r/min)的计算公式为

$$n_{\mathrm{I}} = \frac{n_{\mathrm{ed}}}{i_1}$$

$$n_{\mathrm{II}} = \frac{n_{\mathrm{I}}}{i_2} = \frac{n_{\mathrm{ed}}}{i_1 i_2}$$

$$n_{\mathrm{III}} = \frac{n_{\mathrm{II}}}{i_3} = \frac{n_{\mathrm{ed}}}{i_1 i_2 i_3}$$

(2) 各轴的输入功率 P(kW)的计算公式为

$$P_{\mathrm{I}} = P_{\mathrm{n}} \eta_1 = P_{\mathrm{n}} \eta_{\mathrm{c}}$$

$$P_{\mathrm{II}} = P_{\mathrm{I}} \eta_2 = P_{\mathrm{n}} \eta_{\mathrm{c}} \eta_{\mathrm{r}} \eta_{\mathrm{g}}$$

$$P_{\mathrm{III}} = P_{\mathrm{I}} \eta_3 = P_{\mathrm{n}} \eta_{\mathrm{c}} \eta_{\mathrm{r}}^2 \eta_{\mathrm{g}}^2$$

(3) 各轴输入转矩 T(N·m)的计算公式为

$$T_{\mathrm{I}} = 9550 \frac{P_{\mathrm{I}}}{n_{\mathrm{I}}}$$

$$T_{\mathrm{II}} = 9550 \frac{P_{\mathrm{II}}}{n_{\mathrm{II}}}$$

$$T_{\text{III}} = 9550 \frac{P_{\text{III}}}{n_{\text{III}}}$$

这里需要特别指出，上例中的传动装置是专用的，故用电动机的实际输出功率 P_0 作为设计功率。若传动装置是通用的，则应以电动机的额定功率 P_{m} 作为设计功率，即上面计算式中的 P_0 改为 P_{m}。

计算完成后，将各轴的功率、转速和转矩数值填入表 2-6 中，供以后计算用。

表 2-6 传动装置参数表

参数 \ 轴名	电动机轴	Ⅰ轴	Ⅱ轴	Ⅲ轴	工作机轴
转速 n(r/min)					
功率 P(kW)					
转矩 T(N·m)					
传动比 i					
效率 η					

说明：上述公式计算适用于小批生产的专用机器，故用电动机的实际输出功率 P_{n} 作为设计功率；如为大批量的通用机器，则应用电动机的额定功率 P_{ed} 作为设计功率，即将上式中的 P_{n} 改成 P_{ed} 计算，显然后者计算偏于安全。

【例 2.1】 如前图 2-6 所示带式运输机的传动方案。已知卷筒直径 $D = 480\,\text{mm}$，运输带的有效拉力 $F = 2800$，转速 $n_{\text{w}} = 80\,\text{r/min}$，长期连续工作，滚筒效率 $\eta = 0.96$。试选择合适的电动机，并分配各级传动比，计算各轴的运动和动力参数。

解： (1) 选择电动机类型。

按已知的工作要求和条件，选用 Y 形全封闭笼型三相异步电动机。

(2) 选择电动机的功率。

运输机带速为

$$v = \frac{\pi n_{\text{w}} D}{1000 \times 60} = \frac{3.14 \times 80 \times 480}{1000 \times 60} = 2.01\,(\text{m/s})$$

查表 2-3，皮带传动效率 $\eta_1 = 0.96$，滚子轴承效率 $\eta_2 = 0.98$，齿轮传动效率 $\eta_3 = 0.97$，联轴器效率 $\eta_4 = 0.99$。

Ⅰ轴与Ⅱ轴之间的传动效率为

$$\eta_{12} = 0.98 \times 0.97 = 0.9506$$

Ⅱ轴与Ⅲ轴之间的传动效率为

$$\eta_{23} = 0.98 \times 0.97 = 0.9506$$

Ⅲ轴与滚筒之间的传动效率为

$$\eta_{3\text{w}} = 0.99 \times 0.98^2 = 0.9508$$

从电动机与滚筒的总效率为

$$\eta = \eta_{01} \eta_{12} \eta_{23} \eta_{3\text{w}} = 0.96 \times 0.9506 \times 0.9506 \times 0.9508 = 0.825$$

运输机输入功率为 $\qquad P_{\text{w}} = \dfrac{Fv}{1000\eta_{\text{w}}} = \dfrac{2800 \times 2.01}{1000 \times 0.96} = 5.86\,(\text{kW})$

工作机时所需电动机输出功率为 $P_n = \dfrac{P_w}{\eta} = \dfrac{5.86}{0.825} = 7.10\,(\text{kW})$

(3) 确定电动机转速。

该传动系统无特殊要求，不选用同步转速为 750r/min 和 600r/min 的电动机，查表 2-4，额定功率满足要求的电动机有三种，分别是 Y132S2-2、Y132M-4 和 Y160M-6，性能参数如表 2-7 所示。

表 2-7　三种方案的电动机性能参数表

方　案	电动机型号	额定功率 P_{ed}/(kW)	电动机转速(r/min)		总传动比
			同步转速	满载转速	
1	Y132S2-2	7.5	3000	2900	36.25
2	Y132M-4	7.5	1500	1440	18
3	Y160M-6	7.5	1500	970	12.13

由上表可见，方案 1 电动机转速较高，尺寸较小，价格较低，但总传动比较大，传动装置尺寸较大；方案 3 电动机转速较小，尺寸较大，价格较贵，传动装置尺寸也会因电动机转速低而变大；方案 2 各种参数均比较适中。故选择 Y132M-4 型电动机，满载转速为 1440r/min。

(4) 分配传动比。

查表 2-1，V 带的传动比小于等于 7，单级圆柱齿轮的传动比为 4～6。

取 V 带传动的传动比为 2.5，则齿轮减速器的总传动比 $i = 7.2$，高速级齿轮传动比为

$$i_1 = \sqrt{(1.3 \sim 1.5)i} = 3.06 \sim 3.29$$

取 $i_1 = 3.1$，低速级齿轮传动比为

$$i_2 = \frac{i}{i_1} = 2.32$$

则带传动比为

$$i_0 = \frac{i}{i_1 i_2} = 2.50$$

(5) 计算各轴的运动和动力参数。

各轴转速 n(r/min) 为

$$n_1 = \frac{n_{ed}}{i_1} = \frac{1440}{2.5} = 576(\text{r/min})$$

$$n_{II} = \frac{n_1}{i_2} = \frac{576}{3.1} = 185.8(\text{r/min})$$

$$n_{III} = n_w = 80\text{r/min}$$

各轴的输入功率 P(kW) 为

$$P_I = P_n \eta_1 = 7.10 \times 0.96 = 6.82(\text{kW})$$

$$P_{II} = P_I \eta_2 = 6.82 \times 0.9506 = 6.48(\text{kW})$$

$$P_{III} = P_I \eta_3 = 6.48 \times 0.9506 = 6.16(\text{kW})$$

$$P_{IV} = P_{III} \times 0.98 \times 0.99 = 6.16 \times 0.98 \times 0.99 = 5.98(\text{kW})$$

各轴输入转矩 T(N·m) 为

$$T_{电} = 9550\frac{P_I}{n_I} = 9550 \times \frac{7.10}{1440} = 47.1(\text{N·m})$$

$$T_{\text{I}} = 9550\frac{P_{\text{II}}}{n_{\text{II}}} = 9550\times\frac{6.82}{576} = 113.1(\text{N}\cdot\text{m})$$

$$T_{\text{II}} = 9550\frac{P_{\text{II}}}{n_{\text{II}}} = 9550\times\frac{6.48}{185.8} = 333.1(\text{N}\cdot\text{m})$$

$$T_{\text{III}} = 9550\frac{P_{\text{III}}}{n_{\text{III}}} = 9550\times\frac{6.16}{80} = 735.4(\text{N}\cdot\text{m})$$

$$T_{\text{IV}} = 9550\frac{P_{\text{IV}}}{n_{\text{IV}}} = 9550\times\frac{5.98}{80} = 713.9(\text{N}\cdot\text{m})$$

将运动和动力参数的计算结果列在表 2-8 中。

表 2-8　传动装置参数表

参数 ＼ 轴名	电动机轴	I 轴	II 轴	III 轴	工作机轴
转速 n(r/min)	1440	576	185.8	80	80
功率 P(kW)	7.10	6.82	6.48	6.16	5.98
转矩 T(N·m)	47.1	113.1	333.1	735.4	713.9
传动比 i	2.5		3.1	2.32	1
效率 η	0.96		0.9506	0.9506	0.9508

2.5　思　考　题

1. 传动装置的主要作用是什么？合理的传动方案应满足哪些要求？

2. 各种机械传动型式有何特点？各适用于何种场合？

3. 为什么带传动一般布置在高速级，而链传动布置在低速级？

4. 为什么圆锥齿轮传动常布置在传动的高速级？

5. 减速器的主要类型有哪些？各有什么特点？

6. 你所设计的传动装置有哪些特点？

7. 选择电动机包括哪几方面内容？

8. 常用的电动机有哪几种类型？各有什么特点？根据哪些条件来选择电动机类型？

9. 电动机的容量主要是根据什么条件确定的？如何确定所需要的电动机工作功率？所选电动机的额定功率和工作功率之间一般应满足什么条件？设计传动装置时按什么功率来计算？为什么？

10. 电动机的转速如何确定？选用高转速电动机与低转速电动机各有什么优缺点？

11. 传动装置的总效率如何计算？计算时要注意哪些问题？

12. 如何查出电动机型号？Y 系列电动机型号中各符号表示的意义是什么？传动装置设计中所需的电动机参数有哪些？

13. 传动装置的总传动比如何确定？如何分配传动比？分配传动比时要考虑哪些问题？

14. 传动装置中同一轴上的功率、转速和转矩之间有什么关系？各相邻轴间的功率、转矩、转速关系如何确定？

第3章　传动零件的设计计算

传动部分设计主要包括传动零件、支承零部件和联接零件，其中决定其工作性能、结构和尺寸的主要是传动零件。支承零部件和联接零件都要根据传动零件的要求来设计。因此，一般应在传动方案选择妥当后先设计计算传动零件，再确定其结构尺寸、参数和材料等，为设计减速器装配草图做好准备。

3.1　减速器外传动件的设计

减速器外传动零件通常采用 V 带传动、链传动和开式齿轮传动等。通常先设计计算这些零件，在这些传动零件的参数确定后，外部传动的实际传动比便可确定。然后修改减速器内部的传动比，再进行减速器内部传动零件的设计。这样，会使整个传动装置的传动比累积误差更小。

减速器外部常用的传动零件有 V 带传动、滚子链传动和开式齿轮传动，通常先设计计算这些传动零件。在这些传动零件参数(如带轮的基准直径、链轮齿数等)确定后，外部传动的实际传动比便可确定，然后修正减速器的传动比，再进行减速器内传动零件的设计，这样可减小整个传动装置的传动比累积误差。

通常，由于设计学时的限制，减速器以外的传动零件只需确定重要的参数和尺寸，而不进行详细的结构设计。装配图只画减速器部分，一般不画外部传动零件。但是，减速器的轴伸结构与其上的传动零件或联轴器的结构有关，是否在装配图上画出减速器以外的传动零件或联轴器的安装结构，将由指导教师视情况而定。

3.1.1　带传动的设计计算

带传动是一种应用较广的机械传动机构，结构简单，成本低，适用于远距离传动，中心距大，而且中心距无严格要求，运行平稳，噪声小，可过载保护，但外廓尺寸大，传动比不稳定，寿命短，效率低。

1．带传动的主要失效形式

(1) 带在带轮上打滑，不能传递动力。
(2) 带由于疲劳产生脱层、撕裂和拉断。
(3) 带的工作面磨损。

2．带传动的设计准则

带传动在设计时，应保证带在工作中不打滑，并具有一定的疲劳强度和使用寿命。

3．V 带传动设计计算事项

(1) 设计 V 带传动所需的已知条件有：原动机的种类和所需传递的功率(或转矩)；主动

轮和从动轮的转速(或传动比)；工作情况及外廓尺寸、工作机的种类、载荷性质等。

(2) 设计计算的内容有：确定带的型号、带长度和带根数；确定中心距、初拉力、作用于轴上的压力 Q 的大小及方向；选择大、小带轮直径尺寸、材料、宽度等；确定加工要求等。

(3) 设计计算时应注意以下问题。

① 按国家标准及设计准则，检查各项参数是否在合理范围内，设计参数应保证带传动有良好的工作性能。例如满足带速 $5\text{m/s} < v < 25\text{m/s}$，小带轮包角 $\alpha_1 \geqslant 120°$。

② 根据计算功率 P_c 和小带轮转速 n_1，选择普通 V 带的型号。若邻近两种型号的交界线，可按两种型号同时计算，并加以分析比较从而决定取舍。

③ V 带根数太多会增大轴上压力，且会使各根 V 带受力不均匀，因此，一般 V 带根数以 $z \leqslant 4 \sim 5$ 根为宜。

④ 带轮直径大小应圆整成整数，尽量取成标准直径。如受结构限制也可不靠标准直径。带轮的直径确定后，还要验算实际传动比和大带轮的转速，并以此修正减速器的传动比和输入转矩。

⑤ 计算出带轮处轴的压力，以备后用。

⑥ 注意检查带轮尺寸与传动装置其他结构的相互关系是否协调。例如装在电动机轴上的小带轮顶圆半径与电动机中心高是否相称；小带轮轴孔直径、长度与电动机的直径、长度是否对应；大带轮轴孔尺寸与减速器输入轴是否相适应，大带轮外圆是否与其他零件(如机座)相干涉等。

3.1.2 链传动

设计链传动需确定的内容是：链的型号、节距、链节数和排数，链轮齿数、直径、轮毂宽度，中心距及作用在轴上之力的大小和方向等。

为了使磨损均匀，链轮齿数最好选为奇数或不能整除链节数的数。为了防止链条因磨损而易脱链，大链轮齿数不宜过多。为了使传动平稳，小链轮齿数又不宜太少。为避免使用过渡链节，链节数应取偶数。

当选用单排链使链的尺寸太大时，应改选双列链或多列链，以尽量减小节距。

3.1.3 开式齿轮传动

设计开式齿轮传动需确定的内容是：齿轮材料和热处理方式，齿轮的齿数、模数、分度圆直径、齿顶圆直径、齿根圆直径、齿宽，中心距及作用在轴上之力的大小和方向等。

在计算和选择开式齿轮传动的参数时，应考虑开式齿轮传动的工作特点。由于开式齿轮的失效形式主要是轮齿弯曲折断和磨损，故设计时应按轮齿弯曲疲劳强度计算模数，考虑齿面磨损的影响，应将求出的模数加大，并取标准值。然后计算其他几何尺寸，而不必验算齿面接触疲劳强度。

由于开式齿轮常用于低速传动，一般采用直齿。由于工作环境较差，灰尘较多，润滑不良，为了减轻磨损，选择齿轮材料时应注意材料的配对，使其具有减摩和耐磨性能。当大齿轮的顶圆直径大于 $400 \sim 500\text{mm}$ 时，应选用铸钢或铸铁来制造。

由于开式齿轮的支承刚性较差，齿宽系数应选小些，以减小载荷沿齿宽分布不均。

齿轮尺寸确定后，应检查传动中心距是否合适。例如，带式运输机的滚筒是否与小开式齿轮轴相干涉，若有干涉，则应将齿轮参数进行修改并重新计算。

3.2 减速器内部传动零件的设计

在减速器外部传动零件完成设计计算之后，应检查传动比及有关运动和动力参数是否需要调整。若需要，则应进行修改。待修改好后，再设计减速器内部的传动零件。

3.2.1 齿轮传动

设计齿轮传动需确定的内容有：齿轮材料和热处理方式，齿轮的齿数、模数、变位系数、齿宽、分度圆螺旋角、分度圆直径、齿顶圆直径、齿根圆直径、结构尺寸等；对圆柱齿轮传动还有中心距；对锥齿轮传动，还有锥距、节锥角、顶锥角和根锥角等。

齿轮材料及热处理方式的选择，应考虑齿轮的工作条件、传动尺寸的要求、制造设备条件等。若传递功率大，且要求尺寸紧凑，可选用合金钢或合金铸钢，并采用表面淬火或渗碳淬火等热处理方式；若一般要求，则可选用碳钢或铸钢或铸铁，采用正火或调质等热处理方式。当齿轮顶圆直径 $d_a < 400\sim500$ mm 时，可采用锻造或铸造毛坯；当齿轮顶圆直径 $d_a > 400\sim500$ mm 时，因受锻造设备能力的限制，应采用铸铁或铸钢铸造。当齿轮直径与轴径相差不大时，对于圆柱齿轮可做成齿轮轴。同一减速器中的各级小齿轮(或大齿轮)的材料尽可能相同，以减少材料牌号和简化工艺要求。

齿轮传动的计算准则和方法，应根据齿轮工作条件和齿面硬度来确定。对于软齿面齿轮传动，应按齿面接触疲劳强度计算齿轮直径或中心距，验算齿根弯曲疲劳强度；对于硬齿面齿轮传动，应按齿根弯曲疲劳强度计算模数，验算齿面接触疲劳强度。

对齿轮传动的参数和尺寸，有严格的要求。对于大批生产的减速器，其齿轮中心距应参考标准减速器的中心距；对于中、小批生产或专用减速器，为了制造、安装方便，其中心距应圆整，最好使中心距的尾数为 0 或 5。模数应取标准值，齿宽应圆整；而分度圆直径、齿顶圆直径、齿根圆直径等不允许圆整，应精确计算到小数点后三位数；分度圆螺旋角、节锥角、顶锥角、根锥角应精确计算到"秒"；直齿锥齿轮的锥距 R 不必圆整，应计算到小数点后三位数。齿轮的结构尺寸，参考教材给出的经验公式计算确定，但尽量圆整，以便于制造和测量。

3.2.2 蜗杆传动

设计蜗杆传动须确定的内容是：蜗杆和蜗轮的材料，蜗杆的热处理方式，蜗杆的头数和模数，蜗轮的齿数和模数、分度圆直径、齿顶圆直径、齿根圆直径、导程角，蜗杆螺纹部分长度，蜗轮轮缘宽度和轮毂宽度以及结构尺寸等。

由于蜗杆传动的滑动速度大，摩擦和发热剧烈，因此要求蜗杆蜗轮副材料具有较好的耐磨性和抗胶合能力。一般是根据初步估计的滑动速度来选择材料。当蜗杆传动尺寸确定后，要检验相对滑动速度和传动效率与估计值是否相符，并检查材料选择是否恰当。若与估计有较大出入，应修正后重新计算。

蜗杆模数 m 与分度圆直径 d_1 应取标准值，且 m、d_1 与直径系数 q 三者之间应符合标准的匹配关系。

连续工作的闭式蜗杆传动因发热大，易产生胶合，应进行热平衡计算，但应在蜗杆减速器装配草图完成后进行。

3.3 联轴器的选择

联轴器是连接两轴或轴和回转件，使它们在传递运动和动力过程中一同回转而不脱开的一种装置。联轴器还具有补偿两轴相对位移、缓冲和减振以及安全防护等功能。选择联轴器包括选择联轴器的类型和型号。

3.3.1 联轴器类型的选择

联轴器的类型应根据工作要求来选择，一般可先根据机器的工作条件、使用要求等综合情况来选择标准联轴器。具体选择时可考虑以下几点。

(1) 根据原动机和工作机的机械特性选择。原动机的类型不同，其输出功率和转速，有的平稳恒定，有的波动不均匀。而各种工作机的载荷性质差异更大，有的平稳，有的冲击或振动，这都将直接影响联轴器类型的选择。对于载荷平稳的，则可选用刚性联轴器，否则宜选用弹性联轴器。

(2) 根据联轴器连接的轴系及其运转情况选择。对于连接轴系的质量大、转动惯量大，而又经常启动、变速或反转的，则应考虑选用能承受较大瞬时过载，并能缓冲吸振的弹性联轴器。

(3) 传动装置中大多有两个联轴器，在电动机轴与减速器高速轴之间连接用的联轴器和减速器输出轴与工作机之间连接用的联轴器，前者由于轴的转速较高，为减小启动载荷，缓和冲击，应选用具有较小转动惯量和具有弹性的联轴器，如弹性套柱销联轴器等；后者由于轴的转速较低，传递转矩较大，且减速器与工作机常不在同一机座上，要求有较大的轴线偏移补偿，因此常选用承载能力较高的刚性可移式联轴器，如鼓形齿式联轴器、滑块联轴器等。若工作机有振动冲击，为了缓和冲击，以免振动影响减速器内传动件的正常工作，则可选用弹性套柱销联轴器等。

3.3.2 联轴器参数的选择

联轴器的型号按计算转矩、轴的转速和轴径在《机械设计手册》中选取，要求所选联轴器的许用转矩应大于计算转矩，许用转速也应大于传动轴的工作转速，还应注意联轴器毂孔直径范围是否与所连接两轴的直径大小相适应。若不合适，则应重选联轴器的型号或改变。

第4章 减速器装配草图的设计

在传动装置总体方案设计、运动学计算和传动零件设计计算等工作完成以后，即可着手进行减速器的图纸的设计工作。

装配工作图是反映各个零件的相互关系、结构形状以及尺寸的图纸，也是机器组装、调试、维护和绘制零件工作图的依据。因此，装配工作图的设计极为重要。事实上，减速器中绝大部分零件的结构及尺寸都是在这个过程中决定的。所以，装配工作图的设计必须综合考虑其各个零件的强度、刚度、加工、装配、调整、润滑和密封等要求，用足够的视图和剖面将其表达清楚。

在设计过程图纸时不可避免地要做大量反复的工作，以获得结构最合理和表达最完整的图纸。因此装配图的设计总是先绘制装配草图，在装配草图上观察最初确定的运动参数，各传动件的结构尺寸是否协调，是否会互相干涉；在草图上确定轴的结构、跨距、受力点位置，并演算轴、轴承和键连接的强度是否足够之后最终确定所有零件、部件结构尺寸，为装配工作图、零件工作图的设计奠定基础。因此，虽然也装配"草"图，其实是不能有任何草率。要用绘图仪器，按一定的比例，按步骤绘制，不允许用不正确的方法随便勾画。

装配草图的设计，一般按以下步骤进行。

(1) 绘制草图前的准备工作。

(2) 草图设计的第一阶段。

(3) 轴、轴承及键连接的强度校核计算。

(4) 草图设计的第二阶段。

(5) 草图设计的第三阶段。

(6) 装配草图的检查。

4.1 装配草图设计前的准备工作

在绘制装配草图之前，应仔细阅读有关资料，认真读懂几张典型的减速器装配图纸，参观有关陈列展览，拆装减速器实物，比较、研究各种结构方案特点，弄懂各零件部件的功用和相互关系，做到对所设计的内容心中有数。具体的准备工作有以下几方面。

(1) 确定各类传动零件的主要尺寸，如：中心距、直径(最大圆、顶圆、分度圆)、轮缘宽度等。

(2) 按已选出的电机型号查出安装尺寸，如轴伸直径 D、轴伸长度 E 及中心高 H 等。

(3) 按工作情况、转速高低、转矩大小和两轴对中情况选定联轴器的类型。

连接电动机和减速器高速轴的联轴器，为了减少启动转轴，应具有较小的转动惯量和良好的减震性能，多采用弹性联轴器，如弹性套柱销联轴器和尼龙柱销联轴器等。减速机低速轴和工作机轴相连的联轴器，由于转速较低，传递转矩较大，如果安装，同心度能保证(如有公共的底座)，可采用刚性固定式联轴器，如凸缘联轴器。如果安装，同心度不能保证，就应采用良好补偿位移差性能的刚性可移式联轴器，如金属滑块联轴器等。

(4) 初定各轴最小直径。因轴的跨距未确定，先按轴所受的转矩初步设计轴的最小直径。计算公式为

$$d_{\min} = C\sqrt[3]{\frac{P}{n}}\ \text{mm}$$

式中：P——轴传递的功率，kW；

　　　n——轴的转速，r/min；

　　　C——由许用力确定的系数。

当该直径处有键槽时，则应将计算值加大 3%～4%，并且还要考虑有关零件的相互关系，才能最后圆整确定轴的最小直径。

因为高速轴伸出端通过联轴器与电动机轴相连，所以还应考虑电动机轴伸直径和联轴器的型号所允许的轴颈范围是否能满足要求，这个直径必须大于或者等于上述最小初算直径，可以与电机轴径相等或不相等，但必须在联轴器允许的最大直径与最小直径范围内。

(5) 确定滚动轴承的类型。具体型号先不确定，一般直齿圆柱轮齿传动和斜齿轮传动可采用深沟轴承(60000 类)，若轴向力较大时，可采用角接触轴承(70000 类或 30000 类)等。

(6) 根据轴上零件的受力情况、固定和定位的要求，初步确定轴的阶梯段。具体尺寸暂不定，一般情况下，减速器的高速轴、低速轴有 6～8 段；中间轴有 5～6 段。

(7) 确定滚动轴承的润滑和密封方式。当减速器内的浸油传动零件(如齿轮)的圆周速度 $v \geqslant 2\text{m/s}$ 时，油池中的润滑油飞溅不起来，可采用润滑脂润滑轴承。然后可根据轴承的润滑方式和机器的工作环境是清洁或是多尘，选定轴承的密封形式。

(8) 确定轴承盖的结构。轴承端盖用以固定轴承，调整轴承间隙并承受轴承向力。

轴承端盖的结构有凸缘式和嵌入式两种。

① 凸缘式轴承端盖，用螺钉与机体轴承座连接。调整轴承间隙比较方便，密封性能也好，用得较多，这种端盖多用铸铁铸造。

② 嵌入式轴承端盖，结构简单，使机体外表比较光滑，能减少零件总数和减少机体总质量，但密封性能较差，调整轴承间隙比较麻烦，需要打开机盖，放置调整垫片。只宜于深沟圆轴承和大批量生产时使用。如用角接触轴承，应在嵌入式端盖上设调整螺钉结构，以便于调整轴承间隙。

(9) 确定减速器机体的结构方案并计算出它和有关零件的结构尺寸。二级圆柱齿轮减速器的结构如图 4-1 所示。圆锥—圆柱齿轮减速器的结构如图 4-2 所示。蜗杆下置减速器的结构如图 4-3 所示。减速器机体结构尺寸如表 4-1 所示。

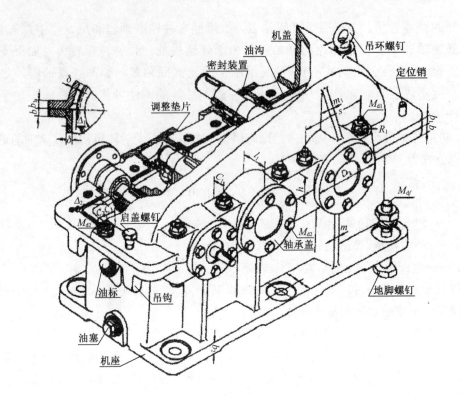

图 4-1 二级圆柱齿轮减速器的结构

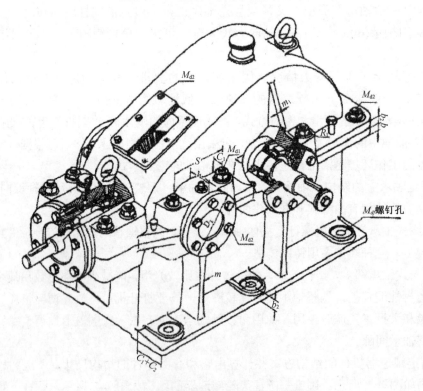

图 4-2 圆锥—圆柱齿轮减速器的结构

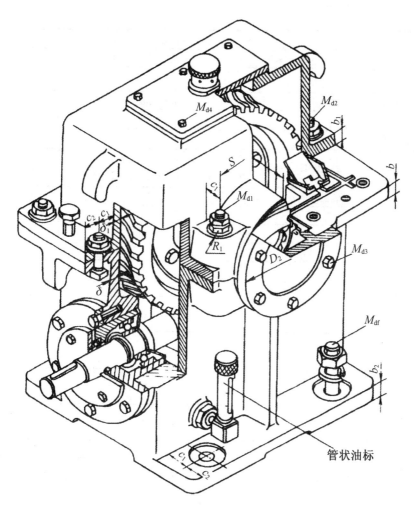

图 4-3　蜗杆下置减速器的结构

表 4-1　减速器机体结构尺寸

名　称	符号	减速器类型及尺寸			
			圆柱齿轮减速器	圆锥齿轮减速器	蜗杆减速器
箱壁厚度	δ	一级	$0.025a+1\geqslant 8$	$0.0125(d_{1m}+d_{2m})\geqslant 8$ 或 $0.01(d_1+d_2)\geqslant 8$ d_{1m}、d_{2m} 为小、大锥齿轮平均直径 d_1、d_2 为小、大锥齿轮大端直径	$0.04a+3\geqslant 8$
		二级	$0.025a+3\geqslant 8$		
		三级	$0.025a+5\geqslant 8$		
箱盖厚度	δ_1	一级	$0.02a+1\geqslant 8$	$0.01(d_{1m}+d_{2m})\geqslant 8$ 或 $0.0085(d_1+d_2)\geqslant 8$	蜗杆在上: $\delta_1\approx\delta$ 蜗杆在下: $\delta_1=0.85\delta\geqslant 8$
		二级	$0.02a+3\geqslant 8$		
		三级	$0.02a+5\geqslant 8$		

名 称	符号	减速器类型及尺寸		
		圆柱齿轮减速器	圆锥齿轮减速器	蜗杆减速器
考虑铸造工艺，所有壁厚都不应小于8				
箱座凸缘厚度	b	$b=1.5\delta$		
箱盖凸缘厚度	b_1	$b=1.5\delta_1$		
箱座底凸缘厚度	b_2	$b_2=2.5\delta$		
地脚螺钉直径	d_f	$d_f=0.036a+12$	$d_f=0.018(d_{1m}+d_{2m})+1\geq12$ 或 $d_f=0.015(d_1+d_2)+1\geq12$	$d_f=0.036a+12$
地脚螺钉数目	n	$a\leq250$ 时，$n=4$ $a>205\sim500$ 时，$n=6$ $a>500$，$n=8$	$n=\dfrac{\text{箱座底凸缘周长之半}}{200\sim300}\geq4$	4
轴承旁联接螺栓直径	d_1	$d_1=0.8\,d_f$		
箱盖与箱座联接螺栓直径	d_2	$d_2=(0.5\sim0.6)d_f$		
联接螺栓 d_2 的间距	l	$150\sim200$		
轴承端盖联接螺钉直径	d_3	$d_3=(0.4\sim0.5)\,d_f$		
窥视孔盖联接螺钉直径	d_4	$d_4=(0.3\sim0.4)\,d_f$		
定位销直径	d	$d=(0.7\sim0.8)d_2$		

	螺栓直径	d_x	M8	M10	M12	M16	M20	M24	M30
螺栓扳手空间与凸缘宽度	至外箱壁的距离	C_{1min}	13	16	18	22	26	34	40
	至凸缘边的距离	C_{2min}	11	14	16	20	24	28	34
	沉头座直径	D沉头座	20	24	26	32	40	48	60

名称	符号	公式
轴承旁凸台半径	R_1	$R_1=C_2$
轴承旁凸台高度	h	根据 d_1 位置及轴承座外径确定，以便于扳手操作为准
外箱壁至轴承座端面距离	l_1	$l_1=C_1+C_2+(5\sim8)$
机盖肋厚	m_1	$m_1\approx0.85\delta_1$
机座肋厚	M	$m\approx0.85\delta$
轴承端盖外径	D_2	凸缘式：$D_2=D+(5\sim5.5)d_3$ 嵌入式：$D_2=1.25D+10$ D——轴承外径
轴承端盖凸缘厚度	t	$t=(1\sim1.2)d_3$
轴承旁联接螺栓距离	S	尽量靠近，以 M_{d1} 与 M_{d3} 互不干涉为准，一般取 $S\approx D_2$

注：多级传动时，a 取低速级中心距，圆锥—圆柱齿轮减速器按圆柱齿轮传动中心距取

减速器机体用以支持和固定轴系零件，是保证传动零件的啮合精度、良好润滑及密封的重要零件。因此，机体结构对减速器的工作性能、加工工艺、材料消耗及制造成本等有很大影响，设计时必须考虑全面。

机体材料多用铸铁制造。小批量或单件生产时，也可用钢板焊成，其重量约为铸造箱体的 1/2～3/4，机体壁厚约为铸造机体的 0.7～0.8 倍。

机体可以做成剖分式和整体式两种结构。部分式机体多是通过传动件轴线的片面为剖分面。一般水平剖分面都为剖分式机体。整体式机体加工量少、重量轻，但装配比较麻烦。按照现代工业美学的要求，近年来，方箱式机体方案逐渐获得采用。方箱式机体外面的几何形状简单，加强筋藏在箱体里面，地脚座不伸出机体外表面，起吊减速器的吊耳与机体铸成一体，机体内储油空间增大，但重量稍有增加，铸造造型较复杂，内部清砂涂漆也较难。

(10) 选好图纸幅面和比例。减速器装配图一般需要三个视图才能表达得清楚完整。结构简单的减速器(如单级蜗杆蜗轮减速器)亦可用两个视图(必要时附加局部视图)表示。一般用 A1 图纸或 A0 图纸绘制，选择 1:1 的比例尺。在图纸的有效面积内，安排三个视图的位置，同时要考虑编写技术要求和零件明细表所需要的图面空间，如图 4-4 所示。

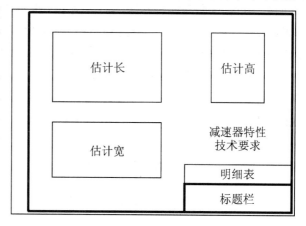

图 4-4　图面布置

4.2　草图设计的第一阶段

草图设计第一阶段的任务是通过绘图设计轴的结构尺寸及选出轴承型号，确定轴承的支点和轴上传动零件的力作用点的位置，定出跨距和力作用点的距离。

4.2.1　圆柱齿轮减速器草图第一阶段的设计步骤

圆柱齿轮减速器装配草图的设计先在俯视图上进行。

1．绘制中心线

估计减速器的轮廓尺寸的大小，在三个视图的位置画出视图的中心线。

2．确定齿轮位置和箱体内外壁线

(1) 画齿轮的轮廓线：分度圆、齿顶圆和齿宽。齿轮的细节结构暂不画。通常小齿轮比大齿轮要宽 5～10mm。中间轴上两齿轮轴向间距取 $\Delta_4 =10～15\mathrm{mm}$，齿轮顶圆至轴表面的距离 $\Delta_5 \geqslant 10\mathrm{mm}$。

(2) 画机体内壁线：机体内壁线距离齿轮端面的距离 $\Delta_2 > \delta$，齿轮顶圆与箱体内壁距离 $\Delta_1 \geq 1.2\delta$，箱体底部内壁与大齿轮顶圆的距离 $\Delta_6 = 30 \sim 50\text{mm}$，小齿轮顶圆一侧的内壁线先不画，箱体至箱底内壁的距离 $\Delta_7 \geq 20\text{mm}$。

(3) 画轴承座的外端面线：轴承座的外端面线的绘制，决定了轴承的宽度。它的宽度取决于机壁厚度 δ、轴承旁联接螺栓的扳手空间 C_1 和 C_2 的尺寸及区分加工面与非加工面的尺寸，$L_1 = \delta + C_1 + C_2 + (5 \sim 10)\text{mm}$。

3. 确定轴承端盖形式

(1) 凸缘式轴承盖利用螺钉固定在箱体上，结构尺寸大，零件数目较多，但装拆和用于调整轴承轴向游隙比较方便。如果采用凸缘式轴承盖，在轴承座外端面线以外画出轴承端盖凸缘的厚度 e 的位置，凸缘距离轴承外端面应留有 $1 \sim 2\text{mm}$ 的调整垫片厚度的尺寸。e 的大小由轴承端盖联接螺钉直径 d 确定，$e = 1.2d$ 应圆整，如图 4-5(a) 所示。

(2) 嵌入式轴承盖结构紧凑、重量轻，但只能用于沿轴承轴线剖分的箱体中，如图 4-5(b) 所示。

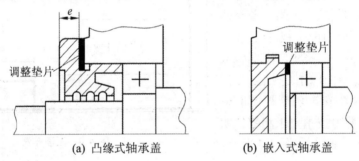

(a) 凸缘式轴承盖　　　　(b) 嵌入式轴承盖

图 4-5　轴承盖

4. 确定轴承在轴承座孔中的位置

轴承在轴承座孔中的位置与轴承的润滑方式有关。当采用机体内润滑油润滑时，轴承外圈端面至机体内壁的距离 $\Delta_3 = 3 \sim 5\text{mm}$；当采用润滑脂润滑时，要留出挡油环的位置 $\Delta_3 = 10 \sim 12\text{mm}$，如图 4-6 所示。

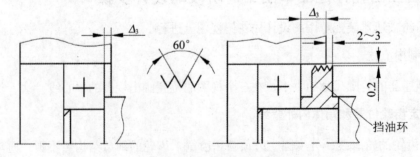

图 4-6　轴承在轴承座孔中的位置

确定一级传动减速器箱体内壁及轴承内端面位置，如图 4-7 所示。确定二级传动减速器箱体内壁及轴承内端面位置，如图 4-8 所示。

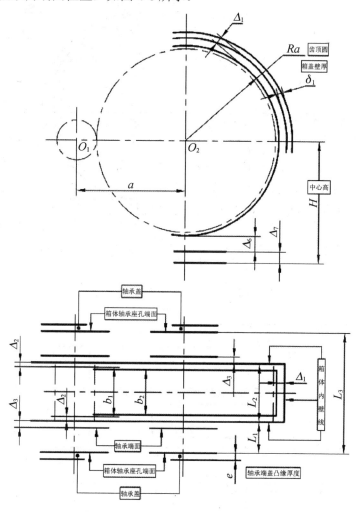

图 4-7　一级传动减速器箱体内壁及轴承内端面位置草图

5. 轴的径向尺寸设计

(1) 估算轴的最小直径 d_{min}。

估算最小直径应注意的问题如下。

① 仅考虑轴的扭转强度计算、确定出一个轴的最小直径,而后逐段进行轴的结构设计。

② 轴设计的最小直径往往是轴外伸端直径。

③ 轴的外伸端上是否装有 V 带轮,若有则该轴径确定时要考虑和 V 带轮结构匹配。

④ 轴的外伸端上是否装联轴器,是否通过联轴器与电动机(或工作机主轴)相连,若有则轴的计算直径和电动机轴径均应在所选联轴器孔径允许范围内,这就涉及同时要选择联轴器。

(2) 密封处轴径 d_1。

密封处轴径 d_1 应符合密封标准轴径要求, 一般为以 0,2,5,8 结尾的轴径。

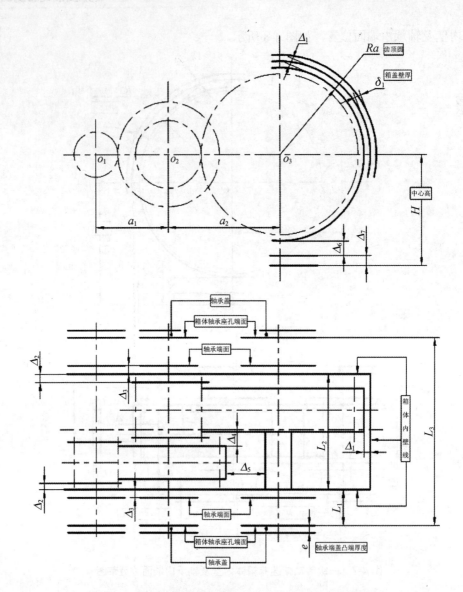

图 4-8　二级传动减速器箱体内壁及轴承内端面位置草图

(3) 安装轴承处轴径 d_2。

根据安装方面和轴承内径要求确定安装轴承处轴径 d_2。一般比前段直径大 1～5mm，以 0,5 结尾的轴径。

注：当轴径变化是为了装配方便或区别加工表面，不承受轴向力也不固定轴上零件时，相邻直径应变化较小，以减少切削加工量，一般可取 1～3mm。图 4-9 中 d_2 和 d_2' 的变化仅仅是为轴承装配方便；方案(b)在 d_2 与 d_3 之间增加 d_2'，以区别它们的精度和粗糙度的不同，所以(b)方案优越于(a)方案。

(4) 安装齿轮处轴径 d_3。

根据受力合理及装配方便的原则，确定安装齿轮处轴径 d_3。这段直径比前段稍大 2～5mm 即可。

(5) 固定齿轮的轴环直径 d_4。

固定齿轮的轴环直径 d_5 根据固定要求确定，台阶高度应是 $h \geq (2 \sim 3)c$。c 为齿轮轮毂的倒角尺寸。

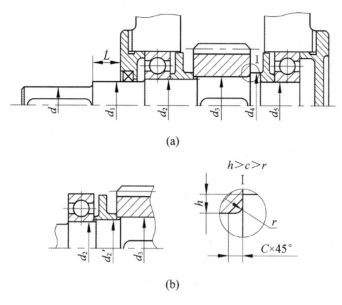

(a)

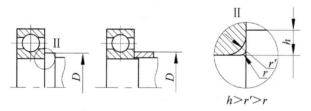

(b)

图 4-9　轴的结构形状

(6) 固定轴承的轴肩尺寸。

固定轴承的轴肩尺寸，应由轴承手册查出，定位的轴肩必须低于轴承内圈的外径，通常不大于内圈高度的 3/4，如图 4-10 所示。

图 4-10　固定轴承的轴肩尺寸

6. 轴的轴向尺寸设计

(1) 安装传动零件的轴段。

安装传动零件的轴段，长度主要由传动零件的轮毂宽度来决定，如齿轮轮毂宽度决定轴段 d_3 的长度，以保证传动件在轴上固定可靠。轴上零件有定位要求的配合轴段，应使轮毂的宽度大于与之配合轴段的长度，即配合轴段的端面与轮毂端面间留有一定的距离，使轴上零件确实以端面接触的方式实现轴向固定。如图 4-11 所示，一般 $\Delta l = 1 \sim 3 \text{mm}$。

(2) 轴在箱体轴承座孔的轴向尺寸。

轴在箱体轴承座孔的轴向尺寸，取决于轴承座孔的长度。轴承座孔中一般安装有轴承、密封件、挡油环、轴承端盖等零件，如图 4-12 所示。一般取 $m=(0.1\sim0.15)D$，D 为轴承外径，轴承座孔长度 $L=B+m+\Delta_3$，Δ_3 值如图 4-6 所示。

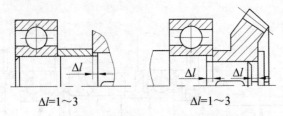

$\Delta l=1\sim3$ $\Delta l=1\sim3$

图 4-11　阶梯轴与轮毂端面间关系

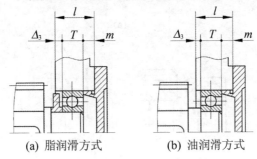

(a) 脂润滑方式　　　　(b) 油润滑方式

图 4-12　轴在箱体轴承座孔的轴向尺寸

一般情况下，减速器箱体采用剖分式结构，其轴承座孔长度的确定还需考虑箱盖与箱座联接螺栓尺寸影响，即考虑联接螺栓拧紧时扳手的空间位置尺寸，保证 $L\geqslant\delta+C_1+C_2+(5\sim10)$ mm，如图 4-13 所示。δ、C_1、C_2 值查表 4-1。

(3) 轴的外伸端长度。

轴的外伸端长度，由外接零件结构而定。如轴端装联轴器，就必须留出足够的装配尺寸。如图 4-14 所示，B 就是弹性套柱销联轴器的装配尺寸。采用不同的轴承端盖，也影响轴的外伸长度，用螺栓联接式轴承端盖，轴外伸端长度应考虑拆装端盖螺钉的空间距离 $L\geqslant(10\sim15)$mm，以便能打开轴承盖。如果采用嵌入式轴承端盖，L 亦可取小一些。

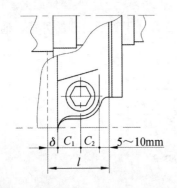

图 4-13　轴在箱体轴承座孔中的长度

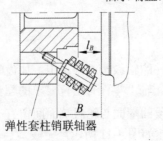

弹性套柱销联轴器

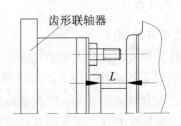

齿形联轴器

图 4-14　轴的外伸端长度

7. 确定轴上键槽的位置和尺寸

键联接的结构尺寸可按轴径 D 由表 11-12 查出。平键长度应比键所在轴段的长度短些，并使轴上的键槽靠近传动件装入一侧，以便于装配时轮毂上的键槽易与轴上的键对准，如图 4-15 所示，当轴沿键长方向有多个键槽时，为便于一次装夹加工，各键槽应布置在同一直线上。如轴径径向尺寸相差较小，各键槽断面可按直径较小的轴段取同一尺寸，以减少键槽加工时的换刀次数。

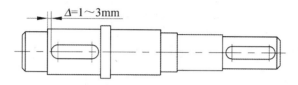

图 4-15　轴上键槽的位置

8. 确定轴上零件受力点的位置和轴承支点间的距离

完成以上设计后，轴上零件的位置、轴的结构和各段直径大小及各段长度都基本确定，这时支点位置、传动件的力作用点位置都可以确定下来。支点位置一般可取轴承宽度的中点，对角接触轴承按轴承手册中给出的尺寸 a 确定。传动件的力作用点位置取轮缘宽度的中点，然后用比例尺量出各点间的距离 A、B、C，圆整为整数。

至此草图第一阶段的设计任务基本完成，一级圆柱齿轮减速器装配底图如图 4-16 所示。二级圆柱齿轮减速器装配底图如图 4-17 所示。

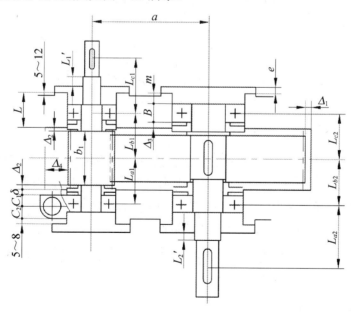

图 4-16　一级圆柱齿轮减速器装配底图

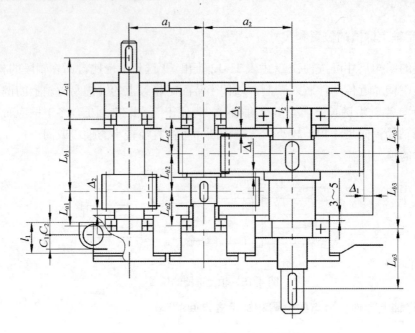

图 4-17　二级圆柱齿轮减速器装配底图

4.2.2　圆锥齿轮减速器草图第一阶段的设计步骤

圆锥齿轮减速器装配图设计的内容和步骤，与圆柱齿轮减速器大体相同，先着重阐述其设计过程中的不同之处和设计要求。

圆锥齿轮减速器装配草图的设计先在俯视图上进行。

1．绘制中心线

估计减速器的轮廓尺寸的大小，在三个视图的位置处画出视图的中心线，圆锥—圆柱齿轮减速器的箱体通常以小圆锥齿轮中心线作为机体的对称线，以便将中间轴和低速轴掉头安装时可改变输出轴的位置。

2．确定齿轮位置和箱体内外壁线

(1) 画齿轮的轮廓线。分度圆、齿顶圆和齿宽，估算大锥齿轮轮毂宽度 B_2，可取 $h=(1.6\sim1.8)e_1$，e_1 由作图确定，待轴径大小确定后再作修正。齿轮的细节结构暂不画。中间轴上两齿轮轴向间距取 $\Delta_4=10\sim15mm$，齿轮顶圆至轴表面的距离 $\Delta_5\geqslant10mm$。

(2) 画机体内壁线。机体内壁线距离齿轮端面的距离 $\Delta_2>\delta$，齿轮顶圆与箱体内壁距离 $\Delta_1\geqslant1.2\delta$，箱体底部内壁与大齿轮顶圆的距离 $\Delta_6>30\sim50$，小齿轮顶圆一侧的内壁线先不画，箱体至箱底内壁的距离 $\Delta_7\approx20mm$。

3．确定轴承端盖形式

如果采用凸缘式轴承端盖，在轴承座外端面线以外画出轴承端盖凸缘的厚度 e 的位置，凸缘距离轴承外端面应留有 $1\sim2mm$ 的调整垫片厚度的尺寸。e 的大小由轴承端盖联接螺

钉直径 d 确定，$e=1.2d$ 应圆整。

确定圆锥—圆柱齿轮传动减速器箱体内壁及轴承内端面位置，如图 4-18 所示。

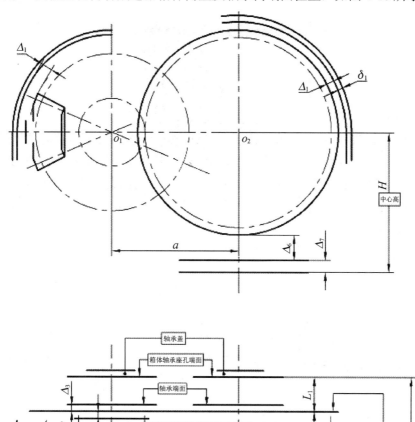

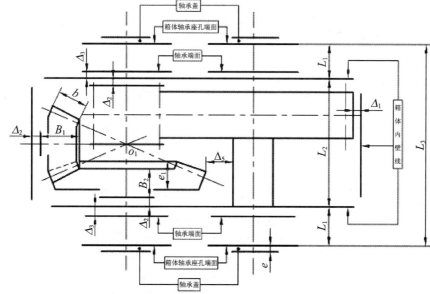

图 4-18　圆锥—圆柱齿轮传动减速器箱体内壁及轴承内端面位置草图

4．小圆锥齿轮轴系部件设计

(1) 小圆锥齿轮一般多采用悬臂结构，如图 4-19 所示。齿宽中点至轴承压力中心的轴向距离 l_2 为悬臂长度。为使悬臂轴系有较大的刚性，轴承支点距离不宜过小，一般可取 $l_1 \approx 2l_2$ 或 $l_1 \approx 2.5d$，d 为轴承处轴径。设计时应尽量减小悬臂长度 l_2。

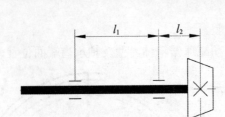

图 4-19　跨距与悬壁长度

(2) 锥齿轮轴向力较大，载荷大时多采用圆锥滚子轴承。

(3) 为保证圆锥齿轮传动的啮合精度，装配时需要调整大小圆锥齿轮的轴向位置，使两轮锥顶重合。因此小圆锥齿轮轴和轴承通常放在套杯内，用套杯凸缘面与轴承座外端面之间的一组垫片调整小圆锥齿轮的轴向位置。套环右端的凸肩用以固定轴承外圈，套杯厚度 $\delta_2 = 8 \sim 10\text{mm}$，凸肩高度应使直径 D 不小于轴承手册中规定的值 D_2，以免无法拆卸轴承外圈，如图 4-20 所示。

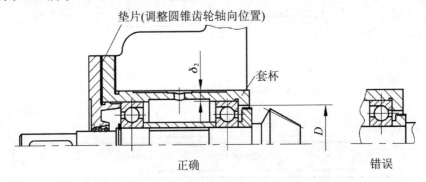

图 4-20　调整大小圆锥齿轮的轴向位置

套杯常用铸铁制造。套杯的结构尺寸根据轴承组合结构要求设计。如图 4-21 所示的结构尺寸可供设计参考。

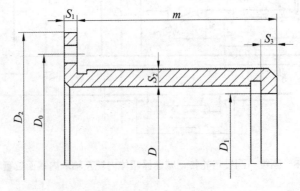

图 4-21　套杯的结构和尺寸

图中：

$$S_1 \approx S_2 \approx S_3 = (0.08 \sim 0.1)D$$
$$D_0 = D + 2S_2 + (2 \sim 2.5)d_3$$

$$D_2=D_0+(2.5\sim3)d_3$$

式中：D——轴承外径；

　　　d_3——轴承盖螺钉直径；

　　　D_2——由轴承确定；

　　　m——由结构确定。

(4) 轴承布置方案的确定。

由于轴的热伸长很小，因此常采用两端固定式结构。用圆锥滚子轴承时，轴承有正装与反装两种布置方案，图 4-22 所示为正装结构，图 4-23 所示为反装结构。反装的支承刚度较正装的要大。

选用正装时，图 4-22(a)为齿轮与轴分开制造的固定方法，即轴承内圈双向固定，外圈单向固定，此方式使轴承安装方便。图 4-22(b)为齿轮轴的固定方法，即内圈双固定，外圈单向固定，此方式适用于小圆锥齿轮外径小于套杯凸肩孔径的场合。

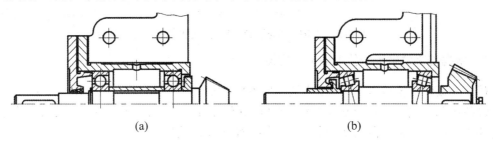

(a)　　　　　　　　　　　　　　　　(b)

图 4-22　轴承的正装结构

选用反装时，图 4-23(a)为齿轮轴结构，内圈靠左端的圆螺母和右端挡油环加以单向固定，外圈靠套杯的凸肩固定。图 4-23(b)为齿轮与轴分开结构，内圈靠圆螺母和齿轮端面加以单向固定，外圈靠套杯的凸肩固定。此方案的缺点是：安装轴承不方便，且调整游隙也麻烦，应用不多。

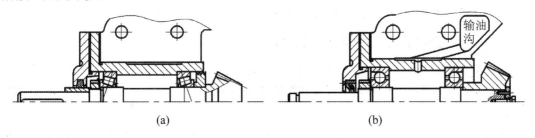

(a)　　　　　　　　　　　　　　　　(b)

图 4-23　轴承的反装结构

(5) 轴承润滑。

小圆锥齿轮轴上的滚动轴承润滑比较困难，可用润滑脂润滑，并在小圆锥齿轮与轴之间加挡油环，如图 4-23(a)所示，以防润滑脂流失。当采用油润滑时，应在机床上开输油沟，将润滑油导入轴承，如图 4-23(b)所示。

圆锥—圆柱齿轮减速器至此草图第一阶段的设计任务基本完成，完成后的图形如图 4-24 所示。

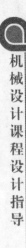

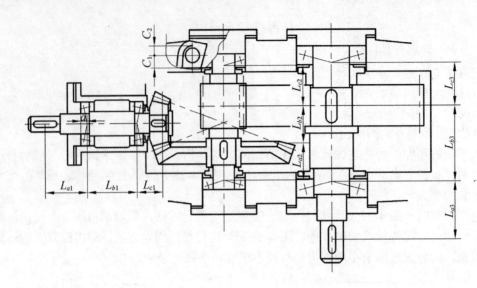

图 4-24　圆锥—圆柱齿轮传动减速器装配底图

5．根据估算的轴径进行各轴的结构设计

确定了齿轮和箱体内壁、轴承座端面位置后，可根据估算的轴径进行各轴的结构设计，确定轴的各部分尺寸，初选轴承型号并在轴承座中绘出轴承的轮廓，从而确定各轴支承点位置和力作用点位置，在此基础上可进行轴、轴承及键连接的验算。

4.2.3　蜗杆齿轮减速器草图第一阶段的设计步骤

蜗杆齿轮减速器装配草图的设计在主视图和侧视图上同时进行。

1．绘制中心线

估计减速器的轮廓尺寸的大小，在三个视图的位置画出视图的中心线。

2．确定蜗杆和蜗轮位置和箱体内外壁线

(1) 画蜗杆和蜗轮的轮廓线：分度圆、齿顶圆和齿宽。

(2) 画机体内壁线：机体内壁线距离蜗轮端面的距离 $\Delta_2 > \delta$，蜗轮顶圆与箱体内壁距离为 Δ_1。

(3) 画轴承座的外端面线：轴承座的外端面线的绘制，决定了轴承的宽度。它的宽度取决于机壁厚度 δ、轴承旁连接螺栓的扳手空间 C_1 和 C_2 的尺寸及区分加工面与非加工面的尺寸。

3．确定轴承端盖

如果采用凸缘式轴承端盖，在轴承座外端面线以外画出轴承端盖凸缘的厚度 e 的位置，凸缘距离轴承外端面应留有 $1 \sim 2\text{mm}$ 的调整垫片厚度的尺寸。e 的大小由轴承端盖联接螺钉直径 d 确定，$e=1.2d$ 应圆整。

确定蜗杆传动减速器箱体内壁及轴承内端面位置，如图 4-25 所示。

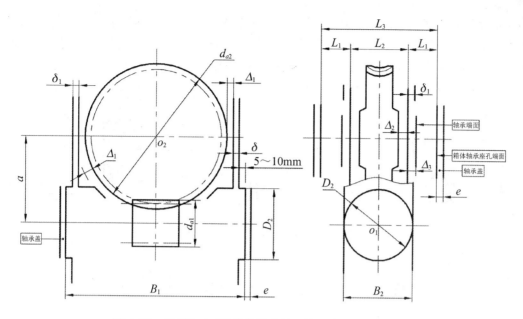

图 4-25 蜗杆传动减速器箱体内壁及轴承内端面位置草图

4. 蜗杆轴承座设计

为了提高蜗杆轴的刚度，其支承距离应尽量小，蜗杆轴承座体常伸到箱体内。在主视图上取蜗杆轴承座外凸台套为 5～10mm，可定出蜗杆轴承外端面位置，内伸轴承座的外径一般与轴承盖凸缘外径 D_2 相同。设计时应使用轴承座内伸端部与蜗轮外圆之间保持适当距离 Δ_1。为使轴承座尽量内伸，可将轴承座内伸端制成斜面，并使斜面端部具有一定的厚度，一般取其厚度约等于 0.4 倍的内伸轴承座壁厚，此时可确定轴承座内端面位置。

5. 确定箱体宽度及蜗轮轴承座位置

通常取箱体宽度等于蜗轮轴承座外端面外径，即 $B_2 \approx D_2$，由此画出箱体宽度方向的外壁和内壁，蜗轮轴承座宽度 $L_1 = \delta + C_1 + C_2 + (5 \sim 10)\mathrm{mm}$，可确定蜗轮轴承外端面位置。

6. 蜗杆轴系部件设计

(1) 两端固定。

当蜗杆轴较短(支点跨距小于 300mm)，温升又不太大时，或虽然蜗杆轴较长，但间歇工作，温升较小时，常采用圆锥滚子轴承正装的两端固定结构，设计时应使蜗杆轴承座孔直径相同且大于蜗杆外径，以便于箱体与箱体上轴承孔的加工和蜗杆的装入，如图 4-26 所示。

(2) 一端固定和一端游动。

当蜗杆轴较长时，轴的热膨胀伸长量大，如采用两端固定结构，则轴承将承受较大附加轴向力，使轴承运转不灵活，甚至卡死压坏。这种情况下宜采用一端固定另一端游动的支点结构，如图 4-27 所示。固定端常采用两个圆锥滚子轴承正装的支承形式。外圈用套杯凸肩和轴承盖双向固定，内圈用套筒(或轴肩)和圆螺母双向固定。游动端可采用如图 4-27(a)

所示的深沟球轴承，内圈用套筒(或轴肩)和弹性挡圈双向固定，外圈在座孔中轴向游动的结构。或者采用如图 4-27(b)所示的圆柱滚子轴承，内外圈双向固定，滚子在外圈内表面轴向游动的结构。为了便于加工，两个轴承座孔常取同样的直径，为此，游动端也可用套杯结构或选取轴承外径与座孔直径相同的轴承。

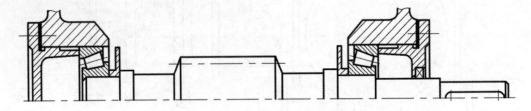

图 4-26　两端固定式蜗杆轴系结构

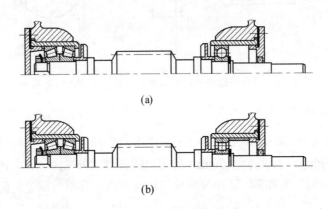

(a)

(b)

图 4-27　一端固定和一端游动式蜗杆轴系结构

(3) 固定端的轴承承受的轴向力较大，宜用圆螺母而不用弹性挡圈固定。游动端轴承可用弹性挡圈固定。

用圆螺母固定正装的圆锥滚子轴承时，如图 4-28 所示，在圆螺母与轴承内圈之间，必须加一个隔离短套筒，否则圆螺母将与保持架干涉。短套筒的外径和宽度，见圆锥滚子轴承标准中的安装尺寸。

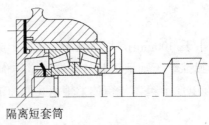

隔离短套筒

图 4-28　加一个隔离短套筒

7. 确定轴上力的作用点和支承点

根据轴的初估直径和所确定的箱体轴承座位置，进行蜗杆轴和蜗轮轴的结构设计、确定轴的各部尺寸、初选轴承型号、确定轴上力的作用点和支撑点，然后进行轴、轴承、键连接的校核计算。选择蜗杆轴承时应注意，因蜗杆轴承承受的轴向载荷较大，所以一般选用圆锥滚子轴承或角接触球轴承。当轴向力很大时可考虑选用双向推力球轴承承受轴向力。

至此草图第一阶段的设计任务基本完成，完成后的图形如图 4-29 所示。

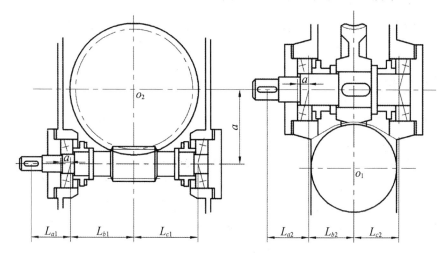

图 4-29　蜗杆齿轮减速器装配底图

思考题

1. 试述装配图的功用。

2. 绘制装配图前应做好哪些准备工作？

3. 如何选择联轴器？你采用哪种联轴器？有何特点？

4. 如何选择滚动轴承类型？你采用哪类滚动轴承？有何特点？

5. 机体内壁线位置如何确定？轴承座宽度如何确定？

6. 在本阶段设计中哪些尺寸必须圆整？为什么？

7. 轴承在轴承座孔中的位置如何确定？

8. 外伸轴的最小直径如何确定？外伸长度如何确定？

9. 转轴为什么多做成阶梯轴？阶梯轴各段的直径和长度应如何确定？

10. 固定轴承时，轴肩(或轴环)的直径如何确定？

11. 轴上键槽的长度和位置如何确定？

12. 直径变化过渡部分的圆角如何确定？

13. 挡油环的作用是什么？有哪些结构型式？

14. 圆锥齿轮减速器高速轴的轴向尺寸如何确定？其轴承部件结构有何特点？轴承套杯起什么作用？

15. 圆锥齿轮减速器高速轴采用角接触轴承支承时，背靠背和面对面安装的结构各有何特点？

16. 为缩短蜗杆轴支点距离可采取哪些结构措施？

17. 在什么情况下，蜗杆轴上轴承采用一端固定一端游动的支承结构？

18. 轴承在轴上的固定方法有哪些？你采用了哪种方法？

19. 对角接触轴承，其支点位置如何确定？

4.3 轴、轴承、键的校核计算

草图第一阶段完成后，确定了轴的初步结构、支点位置和距离及传动零件力的作用点位置，即可着手对轴、键联接强度及轴承的额定寿命进行校核计算。计算步骤如下。

4.3.1 轴强度的校核

(1) 首先定出力学模型，然后求出支反力，画出弯、扭矩图，再计算绘制出当量弯矩图。

(2) 轴的校核计算。根据轴的结构尺寸、应力集中的大小和力矩图判定一个或几个危险截面。用合成弯矩法或安全系数法对轴进行疲劳强度校核计算。

(3) 校核结果。如强度不够，应加大轴径，对轴的结构尺寸进行修改。如强度足够，且计算应力或安全系数与许用值相差不大，则以轴结构设计时确定的尺寸为准，不再修改。若强度富裕过多，可待轴承寿命及键联接的强度校核后，再综合考虑是否修改轴的结构。实际上，许多机械零件的尺寸是由结构确定的，并不完全取决于强度。

4.3.2 轴承额定寿命计算

轴承寿命一般按减速器的使用年限选定。对初选的轴承型号，应根据负荷情况确定其寿命，如不合要求，一般可更换轴承系列或类型，但不轻易改变轴承内孔尺寸。

4.3.3 键联接挤压强度的校核计算

键联接挤压的强度校核计算主要是验算其抗挤压强度是否满足要求。许用挤压应力应按联接键、轴、轮毂三者中材料最弱的选取，一般是轮毂材料最弱。经校核计算如发现强度不足，但相差不大时，可通过加长轮毂并适当增加键长来解决；否则，应采用双键、花键或增大轴径以增加键的剖面尺寸等措施来满足强度要求。

4.4 草图设计的第二阶段

装配草图设计第二阶段的主要工作内容是设计传动零件、轴上其他零件及轴承支点结构有关零件的具体结构。

4.4.1 传动零件的结构设计

1. 齿轮结构设计

齿轮结构通常与其几何尺寸、材料及制造工艺有关。尺寸较小的齿轮可与轴连成一体，成为齿轮轴，如图 4-30(a)所示。

当齿根圆直径 d_f 小于轴径 d 时，必须用滚齿法加工齿轮，如图 4-30(b)所示，当齿根圆直径 d_f 大于轴径 d，并且 $x \geq 2.5m_m$ 时，齿轮可与轴分开制造，这时轮齿也可用插齿法加工，即为实心式齿轮结构，如图 4-31 所示。应尽量采用轴与齿轮分开的方案，以使结构和工艺简化，降低成本。

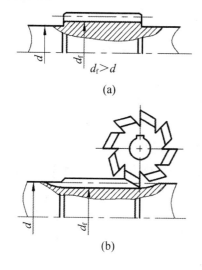

图 4-30　齿轮轴结构

图 4-31　实心齿轮

$x \geqslant 2.5m_{\mathrm{m}}$

对直径较大的齿轮，常用锻造毛坯，制成腹板式结构。当生产批量较大时，宜采用铸造毛坯结构；当批量较小时，宜采用自由锻毛坯结构，如图 4-32(a)所示。

对直径 $d_{\mathrm{a}} \geqslant 400\mathrm{mm}$ 的齿轮，宜采用铸造毛坯结构，如图 4-32(b)所示。

大型的齿轮多用铸造的或焊接的带有轮辐的结构，轮辐的断面有各种形状。单件或小批量生产时宜采用焊接齿轮结构。

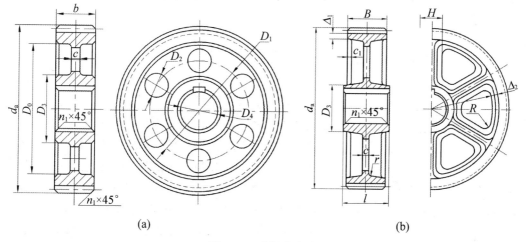

(a)

(b)

图 4-32　腹板式齿轮

2. 圆锥齿轮结构设计

小圆锥齿轮直径较小，一般可用锻造毛坯或轧制圆钢毛坯制成实心结构。当小圆锥齿轮齿根圆到键槽底面的距离 $x \leqslant 1.6m$（m 为大端模数）时，应将齿轮和轴制成一体；当 $x > 1.6m$ 时，齿轮与轴分开制造，如图 4-33 所示。x 值除与齿轮尺寸有关外，也与轴的径向尺寸有关，需与轴的结构设计一起考虑。

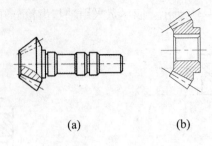

(a)　　　　　(b)

图 4-33　实心圆锥齿轮

大圆锥齿轮的直径小于 500mm 时，用锻造毛坯，一般用自由锻毛坯经车削加工和刨齿而成。在大量生产并具有模锻设备的条件下，才用模锻毛坯齿轮，如图 4-34 所示。

图 4-34　锻造毛坯圆锥齿轮

3．蜗杆结构设计

由于蜗杆径向尺寸小而常与轴制成一体，称为蜗杆轴。蜗杆根圆直径 d_{f1} 略大于轴径 d，其螺旋部分可以车制($d_{f1}-d \geqslant 2\sim4$mm)，也可以铣制。当 $d_{f1}<d$ 时，只能铣制。蜗杆结构如图 4-35 所示。

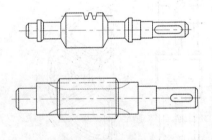

图 4-35　蜗杆结构

4．蜗轮结构设计

蜗轮结构分装配式和整体式两种。为节省有色金属，大多数蜗轮做成装配式结构，如图 4-36 所示。只有铸铁蜗轮或直径 $d_{e2}<100$mm 的青铜蜗轮才用整体式结构。装配式结构有螺钉联接和铰制孔螺栓联接。图 4-36(b)为青铜轮缘用过盈配合装在铸铁轮芯上的装配式蜗轮结构，其常用的配合为 H7/s6 或 H7/r6。为增加联接的可靠性，在配合表面接缝处装 4~8 个螺钉。为避免钻孔时钻头偏向软金属青铜轮缘，螺孔中心宜稍偏向较硬的铸铁轮芯一侧。图 4-36(c)为轮缘与轮芯用铰制孔螺栓联接的装配式蜗轮结构，其螺栓直径和个数由强度计算确定。这种组合结构工作可靠、装配方便，适用于较大直径的蜗轮。为节省青铜和提高联接强度，在保证必需的轮缘厚度的条件下，螺栓位置应尽量靠近轮缘。

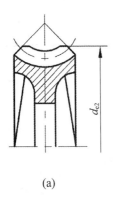  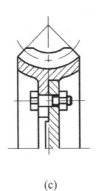 

(a)   (b)   (c)   (d)

图 4-36   蜗轮结构

4.4.2   轴承盖的结构设计

轴承端盖用来轴向固定轴承，承受轴向力和调整轴承间隙、密封，轴承端盖多用铸铁制造，设计时应使其厚度均匀。

轴承端盖有嵌入式和凸缘式两种。凸缘式轴承盖利用螺钉固定在箱体上，结构尺寸大，零件数目较多，但装拆和用于调整轴承轴向游隙比较方便；嵌入式轴承盖结构紧凑、重量轻，但只能用于沿轴承轴线剖分的箱体中。凸缘式轴承盖如表 4-2 所示，嵌入式轴承盖如表 4-3 所示。

表 4-2   凸缘式轴承盖(材料为 HT150)

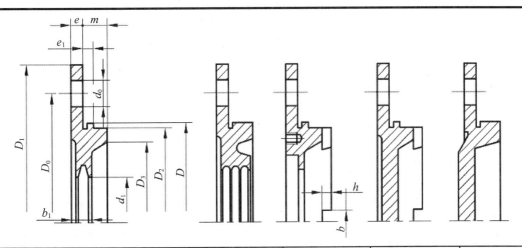

$d_0 = d_3 + 1$ d_3 为轴承盖连接螺栓直径，尺寸见右表 $D_0 = D + 2.5d_3$ $D_2 = D - (1 \sim 2)$ $e = 1.2d_3$ $e_1 \geqslant e$ m 由结构决定	b_1, d_1 由密封件尺寸确定 $b = (5 \sim 10)$ $h = (0.8 \sim 1)b$	轴承外径 D	螺钉直径 d_3	螺钉数
		45～65	6	4
		70～100	8	4
		110～140	10	6
		150～230	12～16	6

表 4-3　嵌入式轴承盖(材料为 HT150)

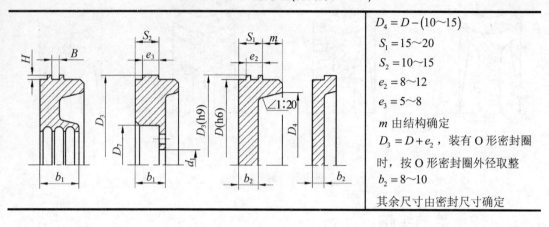

$D_4 = D - (10 \sim 15)$

$S_1 = 15 \sim 20$

$S_2 = 10 \sim 15$

$e_2 = 8 \sim 12$

$e_3 = 5 \sim 8$

m 由结构确定

$D_3 = D + e_2$，装有 O 形密封圈时，按 O 形密封圈外径取整

$b_2 = 8 \sim 10$

其余尺寸由密封尺寸确定

4.4.3　轴承的润滑和密封结构设计

轴承的润滑和密封是保证轴承正常运行的重要结构。

1. 轴承的润滑

滚动轴承润滑一般可采取油润滑或脂润滑。

(1) 油润滑：当浸油齿轮的圆周速度 $v \geqslant 2$ m/s，轴承内径和转速乘积 $d \times n > 2 \times 10^5$ mm·r/min 时，宜采用油润滑。传动件的转动带起润滑油直接溅入轴承内，或先溅到箱壁上，顺着内壁流入箱体的油槽中，再沿油槽流入轴承内。此时端盖端部必须开槽，为防止装配时端盖上的槽没有对准油沟而将油路堵塞，可将端盖端部的直径取小些，以免油路堵塞，如图 4-37 所示。当轴承旁是斜齿轮，而且斜齿轮直径小于轴承外径时，由于斜齿轮有沿齿轮轴向排油作用，使过多的润滑油冲向轴承，尤其在高速时更为严重，增加了轴承的阻力，所以也应在轴承前装置挡油板，如图 4-38 所示。

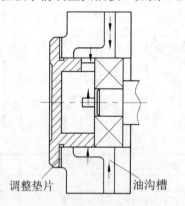

调整垫片　　油沟槽

图 4-37　油槽结构

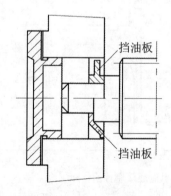

挡油板

挡油板

图 4-38　挡油板

(2) 脂润滑：当浸油齿轮圆周速度 $v < 2$ m/s，轴承内径和转速乘积 $d \times n \leqslant 2 \times 10^5$ mm·r/min 时，宜采用脂润滑。为防止箱体内的油浸入轴承与润滑脂混合，防止润滑脂流失，应在箱体内侧装挡油环，如图 4-39 所示。润滑脂的装油量不应超过轴承空间的 $1/3 \sim 1/2$。

(3) 对于蜗杆减速器，可根据蜗杆蜗轮的布置采用相应的轴承润滑方式。当蜗杆下置或侧置时，用于支承蜗杆轴的轴承可直接浸入箱座油池内，为了减小轴承搅油所引起的功率损耗，以及使密封装置简单，一般要求油面高度不超过处于最低位置的滚动体中心。用于支承蜗轮轴的轴承可采用润滑脂润滑，也可用刮板将润滑油由蜗轮轮缘侧面刮下，沿箱座剖分面上的输油沟流入轴承。当蜗杆上置时，支承蜗杆轴及蜗轮轴的轴承均可采用润滑脂润滑。支承蜗轮轴的轴承也可采用刮板导油装置用润滑油润滑。输油沟润滑如图 4-40 所示。

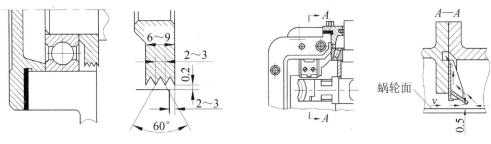

图 4-39 挡油环   图 4-40 输油沟润滑

2. 轴承密封

为了防止润滑油外漏及灰尘、水汽和其他杂质进入机体内，在输入轴和输出轴外伸处，都必须在端盖轴孔内安装密封件。密封分为接触式和非接触式两种，密封形式的选择主要是根据密封处轴表面的圆周速度、润滑剂的种类、工作温度、周围环境等决定的。各种密封适用的参考圆周速度如表 4-4 所示。

表 4-4 各种密封适用的参考圆周速度

密封形式			适用圆周速度（m/s）	特 点
接触式密封	毡圈密封	粗羊毛毡封油圈	≤3	适用于脂润滑及转速不高的油润滑
		半粗羊毛毡封油圈	≤5	
		航空用毡封油圈	≤7	
	橡胶油封		≤8	橡胶油封分为有骨架和无骨架两种，无骨架的需轴向定位，其唇口方向不同，所起的作用也不同，轴颈接触处应磨光，安装位置背侧应开设装拆工艺孔

密封形式	适用圆周速度(m/s)	特　点
非接触式密封	油沟密封 a 油沟密封 b	≤10	油沟密封适用于脂润滑及工作环境清洁的轴承或高速密封，应将润滑脂填满油沟间隙，以加强密封效果。若与其他密封形式配合使用效果更好
	迷宫密封	≤12	适用于油或脂润滑，但结构复杂，若与其他密封形式配合使用效果更好

4.4.4　滚动轴承常见结构示例

滚动轴承组合部件的常见结构如表 4-5～表 4-7 所示。

表 4-5　圆柱齿轮减速器轴承组合部件常用结构

结构形式	特　点
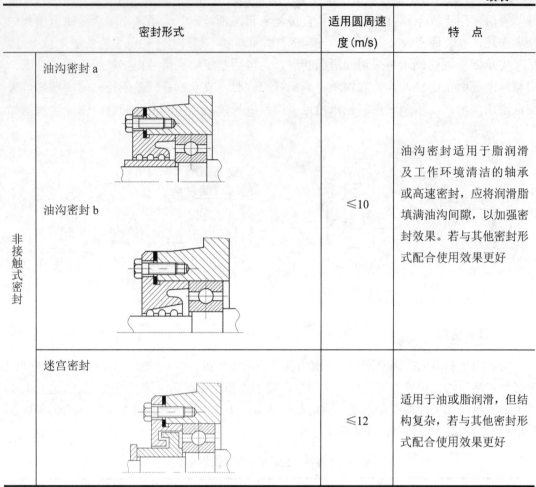 (a)	单列向心球轴承。以垫片组 1 调整轴承的轴向间隙，调整方便；脂润滑，毡圈式密封，结构简单

续表

结构形式	特 点
(b)	嵌入式轴承盖，只能用于剖分式轴承座，以调整环2调整轴向间隙，调整时需要打开箱盖，故较为不便。油润滑，皮碗式密封，密封可靠，更换方便
(c)	角接触球轴承。轴承密封以沟槽式与迷宫式联合；安装时借调整垫片组获得合适的轴承游隙；轴承室内侧设有挡油环，可防止过多的油涌入轴承室；可同时承受径向力及较大的双向轴向力。适用于斜齿轮、轻载、高速及支承跨距较小的场合（一般小于300mm）
(d)	圆锥滚子轴承。脂润滑，设挡油环，可同时承受较大径向力及双向轴向力。适用于中载中速及斜齿轮传动
(e)	右端轴承作轴向双向固定，左端轴承外圈可游动；沟槽式密封。可用于支承跨距较大及工作环境清洁的场合
(f)	单列向心短圆柱滚子轴承，左端为固定，内、外圈均有挡边，右端为游动端，外圈无挡边，滚柱可沿外圈内表面作轴向游动。两端轴承的内外圈均应轴向固定。用于中速、中载及轴热伸长较大的直齿圆柱齿轮传动

结构形式	特 点
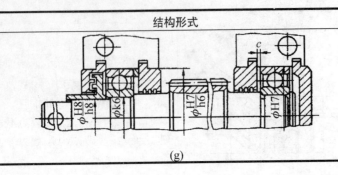 (g)	嵌入式轴承盖；脂润滑；迷宫式外密封和固定沟槽式内密封装置，密封可靠。左端为固定端，右端为游动端(轴承外圈可游动)。可用于支承跨距较大及工作环境多灰尘的场合

表 4-6　小锥齿轮轴支承组合部件常用结构

结构形式	特 点
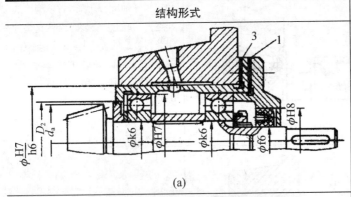 (a)	"面对面"安装的角接触球轴承。两端轴承内圈之间设套筒作轴向压紧。轴承游隙以垫片组 1 调整；垫片组 3 用来调整套杯，即锥齿轮的轴向位置。齿轮与轴制成一体时，因 $d_a<D_2$，故轴上零件可在套杯外装拆。脂润滑和油润滑所用油、脂均是从轴承座上部的油孔注入
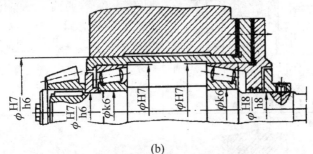 (b)	"面对面"安装的圆锥滚子轴承。安装方式及轴承游隙调整方法同图(a)。轴向作用力由轴肩传给内圈。因 $d_a>D_2$[符号见图(a)]，故齿轮与轴分开制造，以便使轴上零件可在套杯外拆装
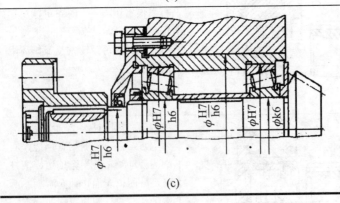 (c)	"背靠背"安装的圆锥滚子轴承。其压力中心的距离较长，因而轴刚性较好；轴承游隙以圆螺母移动轴承内圈进行调整，调整时需要打开轴承盖，因而较为不便

表 4-7 蜗杆轴支承组合部件常用结构

结构形式	特 点
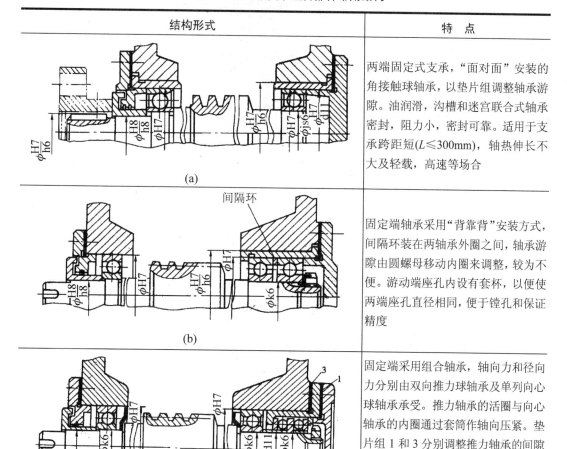 (a)	两端固定式支承,"面对面"安装的角接触球轴承,以垫片组调整轴承游隙。油润滑,沟槽和迷宫联合式轴承密封,阻力小,密封可靠。适用于支承跨距短($L \leqslant 300mm$),轴热伸长不大及轻载,高速等场合
间隔环 (b)	固定端轴承采用"背靠背"安装方式,间隔环装在两轴承外圈之间,轴承游隙由圆螺母移动内圈来调整,较为不便。游动端座孔内设有套杯,以便使两端座孔直径相同,便于镗孔和保证精度
3 1 (c)	固定端采用组合轴承,轴向力和径向力分别由双向推力球轴承及单列向心球轴承承受。推力轴承的活圈与向心轴承的内圈通过套筒作轴向压紧。垫片组 1 和 3 分别调整推力轴承的间隙及套杯(连同整个轴系)的轴向位置。适用于轴向作用力较大、转速较高及轴热伸长大等场合

思考题

1. 齿轮、蜗轮和蜗杆的轮齿有哪些加工方法?你设计的传动件轮齿是如何加工的?

2. 齿轮有哪些结构形式?如何选用?你设计的齿轮是哪种结构形式的?结构设计时应注意什么问题?

3. 蜗轮有哪些结构形式?如何选用?你设计的蜗轮是哪种结构形式的?结构设计时应注意什么问题?

4. 齿轮和蜗轮的轮毂宽度和直径如何确定?轮缘厚度又如何确定?

5. 齿轮的齿宽如何确定?为什么小齿轮齿宽,要比大齿轮齿宽大 5～10mm?

6. 蜗轮的齿宽如何确定?蜗杆的螺旋部分长度如何确定?

7. 传动件在轴上如何定位和固定?

8. 轴承端盖有哪些结构形式?它们的各部分尺寸如何确定?

9. 如果轴承采有润滑油润滑,那么在轴承端盖要采取哪些结构措施?

4.5　草图设计的第三阶段

草图设计的第三阶段是草图设计的最后阶段。这一阶段的设计内容有两个：一是减速器机体的结构设计；二是减速器机体上的附属零件的设计。

4.5.1　减速器机体的结构设计

减速器箱体是用以支持和固定轴系零件并保证传动件的啮合精度和良好润滑及轴系可靠密封的重要零件，其重量约占减速器总重的 30%～50%，因此设计机体结构时必须综合考虑传动质量、加工工艺及成本等。

减速器箱体常用灰铸铁制造。灰铸铁具有良好的铸造性能和减震性能，易获得美观外形，适宜于批量生产。对于重载或受冲击载荷的减速器也可采用铸钢箱体。单件生产的减速器可采用钢板焊接的箱体，其制造工艺简单、生产周期短、材料省、重量轻、成本低，但对焊接技术要求较高。

减速器机体可以采用剖分式或整体式，剖分式机体结构被广泛使用，其剖分面多与传动零件轴线平面重合，一般减速器只有一个剖分面，但有些有两个剖分面。 卧式减速器箱体常沿轴心线所在平面剖分成箱座和箱盖两部分，这样有利于箱体制造和便于轴系零件的装拆。

设计机体时应在三个基本视图上同时进行。

下面以水平剖分式机体为例，说明机体结构设计的步骤和要点。

1．轴承座的设计

为保证传动零件的啮合精度，机体应具有足够的刚度，轴承座的设计应首先考虑增加刚度的问题。

(1) 轴承座有足够的厚度，轴承座的厚度常取为 $2.5d_3$，d_3 为轴承盖的联接螺钉的直径。

(2) 在轴承座附近加支撑筋，筋有外筋和内筋两种结构形式，如图 4-41 所示。

内筋结构形式刚度大，外表面光滑美观，且存油量增加，但工艺比较复杂。目前采用内筋的结构逐渐增多。

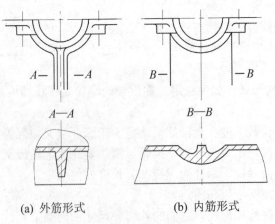

(a) 外筋形式　　　　　　　(b) 内筋形式

图 4-41　提高轴承座刚度的箱体结构

(3) 提高轴承座处的联接刚度，箱盖和箱座用螺栓联成一体；轴承座的联接螺栓应尽量靠近轴承孔，通常取 $S=D_2$，D_2 为轴承座外径，即取螺栓中心线与轴承外径 D_2 的圆相切的位置。如图 4-42 所示，为此轴承座旁的凸台应具有足够的承托面，以便放置联接螺栓，以保证旋紧螺母时所需要的扳手空间 C_1 和 C_2。

说明：当机体同一侧面有多个大小不等的轴承座时，除了保证扳手空间 C_1 和 C_2 外，轴承旁凸台的高度应尽量取相同的高度，以使轴承旁联接螺栓的长度都一样，减少使用螺栓的品种。

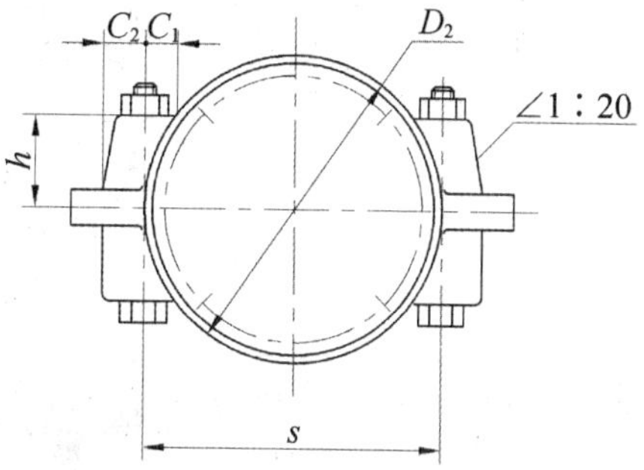

图 4-42　提高轴承座处的联接刚度

2. 箱盖外轮廓设计

铸造箱盖顶部外轮廓常常以圆弧和直线组成。

(1) 低速级大齿轮一侧箱盖外表面圆弧半径。

大齿轮一侧箱盖外表面圆弧半径 $R=\dfrac{d_{a2}}{2}+\varDelta+\delta_1$，$d_{a2}$ 为低速级大齿轮的分度圆直径。

(2) 高速级小齿轮所在一侧的箱体外表面圆弧尺寸。

高速级小齿轮所在一侧的箱体外表面圆弧尺寸可以这样确定。

在主视图上先画出小齿轮轴承旁的凸台结构，然后根据凸台结构不超过箱盖外比的要求，选取一个合适尺寸 R 作为圆弧半径，但该圆弧半径 R 要大于凸台处圆弧半径 R'，那么以圆弧半径 R 画圆弧即是该处箱盖的轮廓。当主视图上小齿轮一侧的箱盖结构确定后，再将有关部分投影到俯视图上，便可画出该小齿轮一侧的箱体内壁、外壁和箱缘等结构。画图时的投影关系如图 4-43 所示。设计时若取轴承凸台结构超过箱盖外壁，画图时的投影关系如图 4-44 所示。

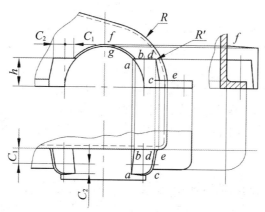

图 4-43　小齿轮一侧箱盖轮廓的确定

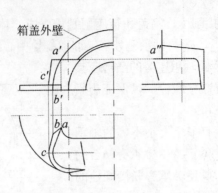

图 4-44 凸台结构超过箱盖外壁时的投影关系

当主视图上的箱盖基本尺寸确定好以后，就可以在三个视图上画出箱盖的详细结构了。

3. 浸油深度

为保证齿轮啮合出的充分润滑，并避免搅油损耗过大，减少齿轮运动的阻力和油的温升，传动件浸入油中的深度不宜太浅和太深，如图 4-45 所示。

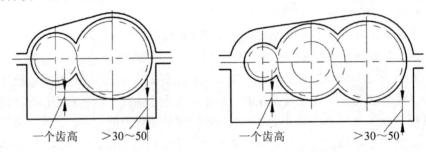

图 4-45 浸油深度

一般规定浸油深度为高速级大齿轮 1～2 个全齿高，速度高的还应该浅些，建议在 0.7 倍齿轮高左右，但不小于 10mm。速度低的($v \geqslant 0.5 \sim 0.8 \text{m/s}$)也允许浸入深些，可达到(1/6～1/3)齿轮半径；更低速时，甚至可达 1/3 齿轮半径。

润滑圆锥齿轮传动时，齿轮浸入油中的深度应达到齿轮的整个宽度。对于油面有波动的减速器(如船用减速器)，浸油宜深些，但此时浸油深度不得超过低速级大齿轮齿顶圆半径的 1/3。

当蜗杆上置式传动时，蜗轮浸入油中的深度也应该等于或刚刚超过一个齿全高。

4. 箱体中心高 H

对于传动件采用浸油润滑的减速器，在设计时，离开低速级大齿轮的齿顶圆不小于 30～50mm 外，画一水平直线，即为池油底平面线，由此可初步确定减速器的中心高 H 为

$$H \geqslant \frac{d_{a2}}{2} + (30 \sim 50) + \Delta_7$$

式中：d_{a2}——低速级大齿轮的齿顶圆直径，mm；

Δ_7——箱体底面至箱座油池底平面的距离，$\Delta_7 \approx 20\text{mm}$。

为避免传动件回转时将油池底部沉积的污物搅起，除了要求低速级大齿轮的齿顶圆到

油池底面的距离不小于 30～50mm 外，还应使箱体能容纳一定量的润滑油，以保证润滑和散热。根据浸油深度确定油面高度，就可以计算出箱体的储油量，如果储油量不能满足要求，则应该适当将箱体底面下移，增加箱座高度。

5．油沟的形式和尺寸

在设计时，要正确区分在向左上开设的回油沟和输油沟，两者功用不同，结构也不尽相同。沟与轴承的相对位置也应注意，必须保证油能顺利地进入轴承。除箱座剖分面上开设导油沟外，还需在箱盖上设斜口，以便将甩在箱盖上的油导入油沟。

(1) 输油沟：当浸油齿轮圆周速度大于 2m/s 时，可以靠机体内润滑油的飞溅直接润滑轴承。在箱体凸缘上开设输油沟，目的是利用油池内的润滑油直接润滑滚动轴承。开设输油沟可以使飞溅的润滑油沿机盖经输油沟通过端盖的缺口进入轴承，这时轴承处的机体内壁距离可取小些。输油沟的尺寸及形状如图 4-46 所示。

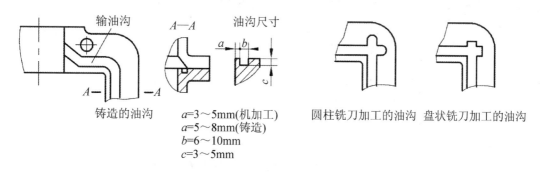

图 4-46　输油沟的尺寸及形状

(2) 回油沟：当浸油齿轮圆周速度小于 2m/s 时，采用润滑脂润滑。当采用润滑脂润滑时，在机座箱缘上要开设回油沟，使渗入连接缝隙面上的油重新流回机体中。开设回油沟的目的是提高箱座、箱盖结合的密封性，防止润滑油从结合面上外渗。采用润滑脂润滑要在轴承旁加挡油板，以防止机体内润滑油流入轴承将润滑脂带走，这时轴承处的机体内壁距离要大些。回油沟的尺寸及形状如图 4-47 所示。

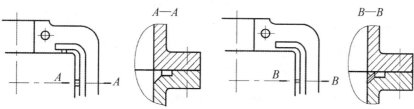

图 4-47　回油沟的尺寸及形状

6．箱体凸缘尺寸

箱盖与箱座凸缘应有一定的厚度，以保证箱盖和箱座的联接刚度。

轴承孔外端面应向外凸出 5～10mm，以便轴承孔端面的切削加工。箱体内壁至轴承孔外端面的距离(轴承座孔长度)为

$$L_1 = \delta + C_1 + C_2 + (5\sim10)\text{mm}$$

7．螺栓连接的沉头座结构

箱盖、箱座用普通螺栓连接，与螺栓头部及垫圈相接触的箱缘支撑面要进行机械加工，为减少加工面，一半多采用沉头座的结构形式。沉头座用锪刀锪平为止，画图时可画成2～3mm深。

箱缘连接螺栓的间距一般不大于100～150mm，布置尽量均匀对称，并注意不要与吊耳、吊钩和定位销等干涉。

8．机座底凸缘的设计和地脚螺栓孔的位置

机座底凸缘承受很大的倾覆力矩，应很好地固定在机架或地基上。因此，所设计的地脚座凸缘应有足够的强度和刚度。

为了增加机座底凸缘的刚度，常取凸缘的厚度 $p=2.5\delta$ ，δ 为机座的壁厚。而凸缘的宽度按地脚螺栓直径 d_f ，由扳手空间 C_1 和 C_2 的大小确定，如图4-48所示。

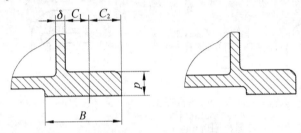

图4-48　机座底凸缘的设计和地脚螺栓孔的位置

其中宽度 B 应超过机座的内壁以增加结构的刚度。

为了增加地脚螺栓连联接刚度，地脚螺栓孔的间距不应太大，一般距离为150～200mm。地脚螺栓的数量通常取4～8个。

9．机体结构要有良好的工艺性

(1) 铸造工艺的要求。

满足铸造工艺的要求，需要造型力求简单，壁厚均匀、过渡平缓，设置拔模斜度 1：10～1：20、活块等以利于起模。

考虑到液态金属的流动性，铸件壁厚不可太薄，以免浇铸不足，其壁厚最小值列于表4-8中，砂型铸造圆角半径可取 $R \geqslant 5mm$。

表4-8　砂型铸造圆角半径

铸件最小壁厚(mm)							
铸型种类	铸件尺寸	铸　钢	灰铸铁	球墨铸铁	可锻铸铁	铝合金	铜合金
砂型	<200×200	6～8	5～6	6	4～6	3	3～5
	200×200～500×500	10～12	6～10	12	5～8	4	6～8
	>500×500	15～20	15～25	—	—	5～7	—
金属型	<70×70	5	4	—	2.5～3.5	2～3	3
	70×70～150×150	—	5	—	3.5～4.5	4	4～5
	>150×150	10	6	—	—	5	6～8

为了避免因冷却不均而造成的内应力裂纹或缩孔，机体各部分壁厚应均匀。当由较厚

部分过渡到较薄部分时，应采用平缓的过渡结构。铸造过渡尺寸如表 4-9 所示。

表 4-9 铸造过渡尺寸(JB/ZQ4257—86)   单位：mm

	铸铁和铸钢件的壁厚 δ	x	y	R_0
	$10\sim15$	3	15	5
	$>15\sim20$	4	20	5
	$>20\sim25$	5	25	5
	$>25\sim30$	6	30	8
	$>30\sim35$	7	35	8
	$>35\sim40$	8	40	10
适用于减速器、联接管气缸及其联接法兰	$>40\sim45$	9	45	10
	$>45\sim50$	10	50	10

(2) 机加工的要求。

满足加工工艺的要求，加工面与非加工面要分开，减少加工面积。如图 4-49 所示，为减少箱体上的加工面积，应使加工面与非加工面分别处于不同表面。箱体上安装轴承盖、检查孔盖、通气器、油标尺、放油螺塞以及与地基结合面处应设计凸台，而螺栓头和螺母支撑面加工时应锪出沉头座，同一轴线上两轴承孔的直径、精度和表面精糙度应尽量一致，以便于一次走刀加工。同一侧的各轴承座端面最好位于同一平面内，如图 4-50 所示，两侧轴承座端面应相对于箱体中心平面对称，以便于加工和检验。凸台及沉头座的加工方法如图 4-51 所示。

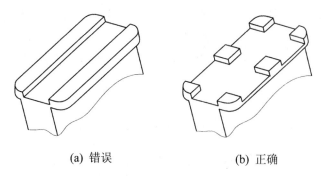

(a) 错误   (b) 正确

图 4-49　减少加工面积

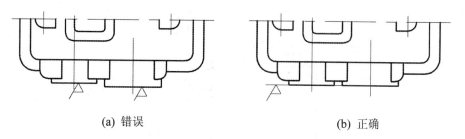

(a) 错误   (b) 正确

图 4-50　各轴承座端面最好位于同一平面内

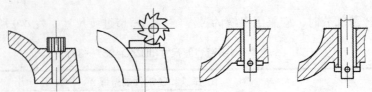

图 4-51　凸台及沉头座的加工方法

4.5.2　减速器的附件设计

为了保证减速器能够正常工作和具备完善的性能，如检查传动件的啮合情况、注油情况、排油、通气和便于安装、吊运等，减速器箱体上设置某些必要的装置和零件，这些装置和零件及箱体上相应的局部结构统称为附件。减速器附件包括窥视孔和视孔盖、通气器、放油螺塞、油标装置、定位销、起盖螺钉、起吊装置及轴承端盖等。

1. 窥视孔及视孔盖

为了检查传动零件的啮合情况、润滑状况、接触斑点、齿侧间隙、轮齿损坏情况，并向减速器箱体内注入润滑油，应在箱盖顶部的适当位置设置窥视(检查)孔，由窥视孔可直接观察到齿轮啮合部位，窥视孔应有足够的大小，允许手伸入箱体内检查齿面磨损情况。机体上开窥视孔处应设置凸台，以便机械加工出支承盖板的表面并用垫片加强密封，如图 4-52 所示。盖板常用钢板或铸铁制成，平时检查孔用孔盖盖住，孔盖通过螺钉固定在箱盖上。

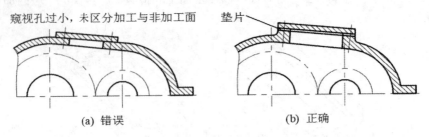

(a)　错误　　　　　　　　　　(b)　正确

图 4-52　窥视孔及凸台

窥视孔及孔盖的结构形式及尺寸如表 4-10 所示。

表 4-10　窥视孔及孔盖的结构形式及尺寸

A	100，120，150，180，200
A_1	$A+(5\sim6)d_4$
A_2	$\dfrac{A+A_1}{2}$
B	$B_1-(5\sim6)d_4$
B_1	箱体宽(15～30)
B_2	$\dfrac{B+B_1}{2}$
d_4	M6～M8
R	5～10
H	自行设计

2．通气器

减速器工作时，由于箱体内温度升高，气体膨胀，使压力增大，箱体内外压力不等，对减速器密封不利。为使箱体内受热膨胀的气体自由排出，以保持箱体内外压力平衡，不致使润滑油沿分箱面、轴伸密封处或其他间隙向外渗漏，箱体顶部应装有通气器。当使用带有过滤网的通气器时，可避免箱外灰尘、杂物进入箱内。通气器的结构形式及尺寸如表 4-11 所示。

表 4-11　通气器的结构形式及尺寸

通气塞

手提式通气器

	D	D_1	S	L	l	a	d_1
M12×1.25	18	16.5	14	19	10	2	4
M16×1.5	22	19.6	17	23	12	2	5
M20×1.5	30	25.4	22	28	15	4	6
M22×1.5	32	25.4	22	29	15	4	7
M27×1.5	38	31.2	27	34	18	4	8
M30×2	42	36.9	32	36	18	4	8
M33×2	45	36.9	32	38	20	4	8
M36×3	50	41.6	36	46	25	5	8

通气罩

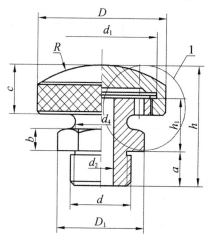

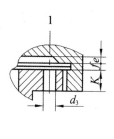

续表

d	d_1	d_2	d_3	d_4	D	h	a	b	c	h_1	R	D_1	S	K	e	f
M18×1.5	M33×1.5	8	3	16	40	40	12	7	16	18	40	25.4	22	6	2	2
M27×1.5	M48×1.5	12	4.5	24	60	54	15	10	22	24	60	36.9	32	7	2	2
M36×1.5	M64×1.5	16	6	30	80	70	20	13	28	32	80	53.1	41	10	3	3

3. 放油孔及放油螺塞

为排放污油和便于清洗减速器箱体内部,在箱座油池的最低处设置放油孔,油池底面可做成斜面,向放油孔方向倾斜1°~5°,且放油螺塞孔应低于箱体的内底面,如图4-53所示。以利于油的放出,平时用放油螺塞将放油孔堵住,放油螺塞采用细牙螺纹。放油孔处机体上应设置凸台,在放油螺塞头和箱体凸台端面间应加防漏用的封油垫片(耐油橡胶、塑料、皮革等制成),以保证良好的密封。外六角螺塞和封油垫的结构形式及尺寸如表4-12所示。

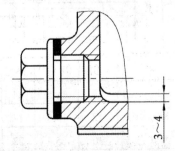

3~4

图 4-53　螺塞孔应低于箱体的内底面

表 4-12　外六角螺塞和封油垫

d	M14×1.5	M16×1.5	M20×1.5
d_1	15	17	22
e	19.6	19.6	25.4
S	17	17	22
l	12	12	15
L	22	23	28
H	2	2	2
D_0	22	26	30
d_1	15	17	22

4. 油标

油标的作用在于检查减速器箱体油面的高度,使其保持适当的油量。油标一般设置在箱体便于观察且油面较稳定的部位(如低速级传动件附近)。油标上应有最低油面和最高油面标志,如图 4-54 所示。最低油面为传动件正常运转时所需的油面(减速器工作时所需的油面),按传动件浸油润滑时的要求确定,最高油面为油面静止时的高度(减速器不工作时的高度)，最高油面与最低油面间的差值常取 5～10mm。油标有多种类型及规格，当采用杆式油标时，油标安装位置要便于加工及取出，且不能过低，防止油溢出，如图 4-55 所示。油标的结构形式及尺寸如表 4-13 所示。

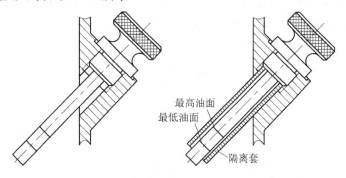

图 4-54　最低油面和最高油面标志

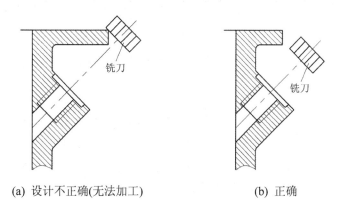

(a) 设计不正确(无法加工)　　　　　　(b) 正确

图 4-55　油标安装位置要便于加工及取出

表 4-13　油标的结构形式及尺寸

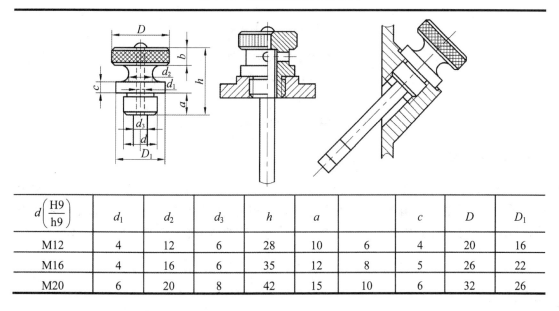

$d\left(\dfrac{\mathrm{H9}}{\mathrm{h9}}\right)$	d_1	d_2	d_3	h	a			c	D	D_1
M12	4	12	6	28	10	6		4	20	16
M16	4	16	6	35	12	8		5	26	22
M20	6	20	8	42	15	10		6	32	26

5．定位销

为保证装拆减速器箱盖时仍能保持轴承座孔制造加工时的精度，应在精加工轴承座孔前，在箱盖与箱座的联接凸缘上配装两个圆锥销。两定位锥销相距应尽量远些，并设置在箱体的两纵向联接凸缘上。对称箱体的两定位销应呈非对称布置，以免错装。在上下箱体装配时应先装入定位销，然后再装入螺栓并拧紧。为了便于装拆，定位销的长度应大于连接凸缘的总厚度，如图 4-56 所示。

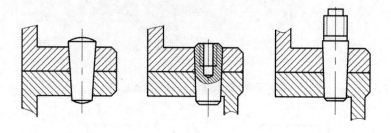

图 4-56　定位销

6．启箱螺钉

由于装配减速器时在箱体剖分面上涂有密封用的水玻璃或密封胶，因而在拆卸时往往因胶结紧密难于开盖。为此，常在箱盖凸缘的适当位置加工出 1～2 个螺孔，装入启箱用的圆柱端螺钉或半圆端螺钉，旋动启箱螺钉便可将箱盖顶起，如图 4-57 所示。启箱螺钉的大小可与凸缘联接螺栓相同。对于小型减速器也可不设启箱螺钉，拆卸减速器时用螺丝刀直接撬开箱盖。

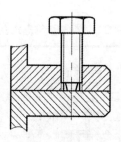

图 4-57　启箱螺钉

7．起吊装置

当减速器质量超过 25kg 时，为便于搬运，在箱体上需设置起吊装置。起吊装置可采用吊环螺钉，也可直接在箱体上铸出吊耳或吊钩。箱盖上的起吊装置用于起吊箱盖，箱座上的起吊装置用于起吊箱座或整个减速器。吊耳、吊钩的结构形式及尺寸见表 4-14。

表 4-14　吊耳、吊钩的结构形式及尺寸

吊耳(在箱盖上铸出)	吊耳环(在箱盖上铸出)
$C_3=(4\sim5)\delta_1$ $C_4=(1.3\sim1.5)C_3$ $b=(1\sim1.2)\delta_1$ $R=C_4$ $r=0.25C_3$ $r_1=0.2C_3$ δ_1——箱盖壁厚	$b\approx(1.8\sim2.5)\delta_1$ $d=b$ $R\approx(1\sim1.2)d$ $e\approx(0.8\sim1)d$ δ_1——箱盖壁厚
$K=C_1+C_2$ $H=0.8K$ $h=0.5H$ $r=\dfrac{K}{6}$ $b=(1.8\sim2.5)\delta$ H_1——按结构确定 C_1，C_2——扳手空间尺寸 δ——箱座壁厚	$K=C_1+C_2$ $H=0.8K$ $h=0.5H$ $r=\dfrac{K}{4}$ $b=(1.8\sim2.5)\delta$ H_1——按结构确定 C_1，C_2——扳手空间尺寸 δ——箱座壁厚

吊环螺钉的结构形式及尺寸如表 4-15 所示。

表 4-15　吊环螺钉的结构形式及尺寸

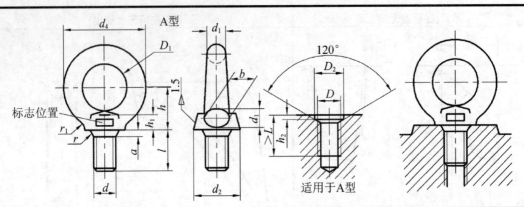

规格(d)		M8	M10	M12	M16	M20	M24	M30
d_1	max	9.1	11.1	13.1	15.2	17.4	21.4	25.7
	min	7.6	9.6	11.6	13.6	15.6	19.6	23.5
D_1		20	24	28	34	40	48	56
D_2	max	21.1	25.1	29.1	35.2	41.4	493.4	57.7
	min	19.6	23.6	27.6	33.6	39.6	47.6	55.5
h_1	max	7	9	11	13	15.1	19.1	23.2
	min	5.6	7.6	9.6	11.6	13.5	17.5	21.4
L		16	20	22	28	35	40	45
D_4(参考)		36	44	52	62	72	88	104
h		18	22	26	31	36	44	53
r_1		4	4	6	6	8	12	15
r		1	1	1	1	1	2	2
a		2.5	3	3.5	4	5	6	7
b		10	12	14	16	19	24	28
D_2		13	15	17	22	28	32	38
h_2		2.5	3	3.5	4.5	5	7	8

减速器附件设计工作完成后，装配草图的设计工作也就基本完成了。

一级圆柱齿轮减速器装配草图的完成情况如图 4-58 所示。

二级圆柱齿轮减速器装配草图的完成情况如图 4-59 所示。

二级圆锥—圆柱齿轮减速器装配草图的完成情况如图 4-60 所示。

一级蜗杆减速器装配草图的完成情况如图 4-61 所示。

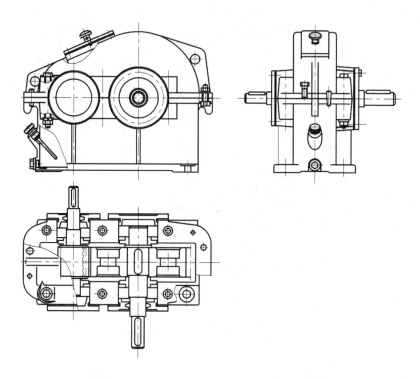

图 4-58　一级圆柱齿轮减速器装配草图的完成情况

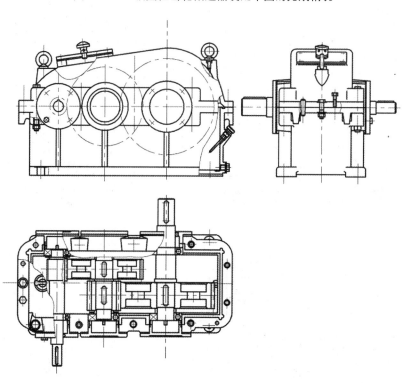

图 4-59　二级圆柱齿轮减速器装配草图的完成情况

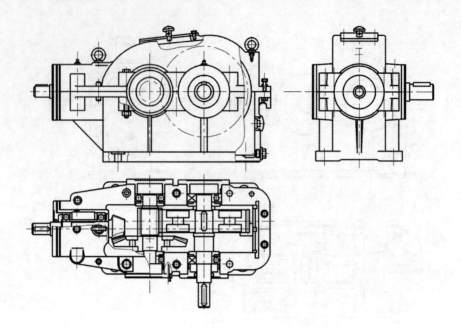

图 4-60 二级圆锥—圆柱齿轮减速器装配草图的完成情况

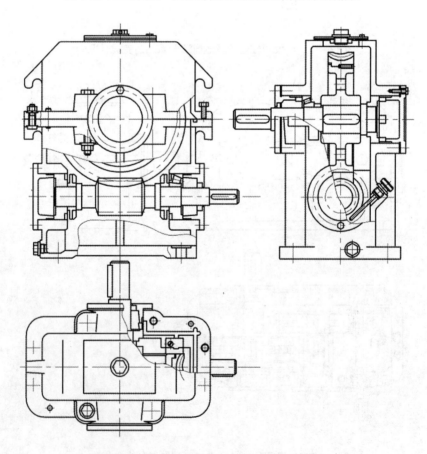

图 4-61 一级蜗杆减速器装配草图的完成情况

思考题

1．减速器机体的作用是什么？设计时要考虑哪些方面的要求？

2．剖分式和整体式机体各有什么特点？铸造和焊接机体各有什么特点？它们各自适用于什么场合？

3．为什么说机体的刚度对保证减速器的正常工作特别重要？可采取哪些措施保证机体的刚度？

4．机体加筋的作用是什么？内外筋各有何特点？

5．设计轴承座孔旁的联接螺栓凸台结构需考虑哪些问题？

6．机座的高度如何确定？传动件的浸油深度如何确定？它们如何保证良好的润滑与散热？

4.6　装配草图的检查

当装配图设计的第三阶段结束以后，应对装配图进行检查与修改，首先检查主要问题，然后检查细部。具体如下。

(1) 检查装配图中传动系统与课程设计任务书中的传动方案布置是否完全一致，如齿轮位置，输入输出轴的位置等。

(2) 检查图中的主要结构尺寸与设计计算的结果是否一致。

(3) 检查轴上零件沿轴向及周向能否定位，能否顺利装配、拆卸。

(4) 检查附件的结构、安装位置是否合理。

(5) 检查绘图规范方面、视图选择是否恰当，投影是否正确、是否符合标准。

装配图中常见错误分析与更正如图 4-62～图 4-67 所示。

错误与更正：(1)油面位置太高有碍于泄油，底部应当有 1∶50 的斜度；(2)垫圈画错，螺塞无法拧入，如图 4-62 所示。

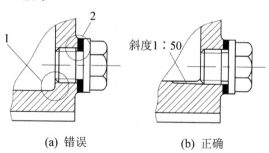

(a) 错误　　　　　　　　　(b) 正确

图 4-62　油塞的位置与画法

错误与更正：(3)漏画间隙；(4)螺纹的终止线应当用细实线表示；(5)弹簧垫圈开口方向画反了；(6)箱体与螺母结合面应画鱼眼坑，如图 4-63 所示。

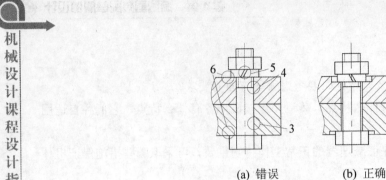

（a）错误　　　　　　（b）正确

图 4-63　螺栓连接

错误与更正：(7)检视孔的位置应该便于检查两齿轮的啮合部分；(8)垫圈被剖着部分不应涂黑；(9)缺轮廓线，如图 4-64 所示。

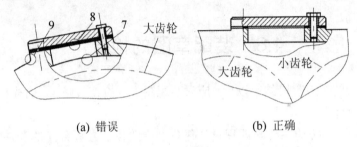

（a）错误　　　　　　　　（b）正确

图 4-64　检视孔盖

错误与更正：(10)缺螺钉孔座；(11)缺螺纹余留量，如图 6-65 所示。

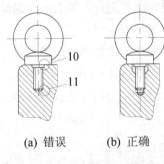

（a）错误　　　（b）正确

图 4-65　吊环螺钉

错误与更正：(12)定位销没有出头，不便于装拆；(13)互相接触的零件其剖面线方向应相反，如图 6-66 所示。

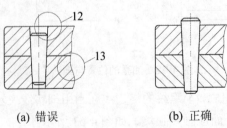

（a）错误　　　　　　（b）正确

图 4-66　定位销

错误与更正：(14)油尺无法装拆；(15)油尺上螺纹处缺退刀槽；(16)缺螺纹线；(17)漏画投影线，内螺纹太长；(18)油尺太短，测不到下油面，如图 6-67 所示。

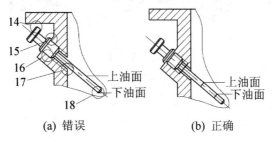

(a) 错误　　　　　　　(b) 正确

图 4-67　油尺的安装

第5章 减速器装配工作图的设计

装配图是在装配草图的基础上进行设计的，经过减速器装配草图的绘制，已将减速器各零件的结构及其装配关系基本确定了下来，在此基础上完善减速器装配工作图的设计，要综合考虑零件相互之间的关系，考虑零件的材料、强度、刚度、加工装拆、调整和润滑的要求，加以细化、调整、修改。对装配草图中零件间存在的某些不协调及制造或装配工艺方面欠妥之处，必须加以改正。

装配图设计的主要内容有：按国家机械制图标准规定画法绘制各视图；标注必要的尺寸及配合；标注零件的序号；绘制并填写标题栏及明细表；编制减速器技术特性表；编写技术条件等。

5.1 装配工作视图的绘制

减速器装配图常需选择三个视图，必要时加设剖视图、剖面和局部视图加以辅助。在三个视图中，应尽可能将减速器的工作原理和主要装配关系集中反映在一个基本视图上。如圆柱齿轮减速器可取拆卸掉箱盖的俯视图作为基本视图，蜗杆减速器可取主视图作为基本视图。

装配图上一般不用虚线表示零件的结构形状，不可见而又必须表达的内部结构可采用局部剖视等方法表达，在完整、准确地表达设计对象的结构、尺寸和各零部件间相互关系的前提下，装配图应简明扼要。

在布置视图时，要注意使整个图面匀称美观，并在右下角预留标题栏及零件明细表的位置。绘面应根据减速器草图及计算出的减速器轮廓尺寸先画箱体中心线，画出传动零件，然后由中心向外依次完成传动件、轴、轴承及箱体，三个视图同时进行，将各部分结构均要表达清楚。必须表达的内部结构或某些附件的细部结构，可采用局部剖视或向视图。画剖视图时，同一零件在各个视图中的剖面线方向及间距应一致，相邻接零件的剖面线方向或剖面线间距应取不同，以便区别。对于剖面宽度尺寸≤2mm 的零件，其剖面允许采用涂黑表示。剖面线的画法要符合国家标准的规定。肋板和轴类零件在图中轴向剖视时一般不绘制剖面线。

装配图上某些结构和零件(螺栓、螺母、轴承等)可以采用国际标准中所规定的简化画法。

装配图线形设置应符合国际标准的规定，如轮廓线为粗实线、中心线为点画线、剖面线和尺寸线为细实线等。用 CAD 绘图时要设置线形，用手工画图时要进行加深。

5.2 装配工作图的尺寸标注

标注尺寸时，应使尺寸线在布置上整齐、清晰，尺寸应尽量标注在轮廓线外面，主要尺寸应尽量标注在主要视图上，相关尺寸应尽量标注在相关结构表达清晰的视图上。

由于减速器装配图是安装减速器时所依据的图样，因此在图上必须标注有关尺寸，一般包括以下几种。

(1) 特性尺寸：表明减速器的主要性能、规格和特性的尺寸。如传动零件的中心距及其偏差等。

(2) 配合尺寸：表达机器或装配单元内部零件之间的装配关系的尺寸，有配合要求的两零件接合部位应标注配合尺寸，包括配合处的几何尺寸、配合性质、精度等级等，如传动零件、联轴器、轴承内圈、轴套、挡油盘等与轴之间，轴承外圈、轴承盖等与箱体轴承座孔之间。

配合和精度等级选择是否得当对减速器的工作性能、加工工艺和制造成本均有很大影响。减速器主要零件的荐用配合如表 5-1 所示。

表 5-1 减速器主要零件的荐用配合

配合零件	推荐配合		装拆方法
大中型减速器的低速级齿轮(蜗轮)与轴的配合，轮缘与轮芯的配合	$\frac{H7}{r6}$	$\frac{H7}{s6}$	用压力机或温差法(中等压力的配合，小过盈配合)
一般齿轮、蜗轮、带轮、联轴器与轴的配合	$\frac{H7}{r6}$		用压力机(中等压力的配合)
要求对中性良好及很少装拆的齿轮、蜗轮、联轴器与轴的配合	$\frac{H7}{n6}$		用压力机(较紧的过渡配合)
小锥齿轮及较常装拆的齿轮、联轴器与轴的配合	$\frac{H7}{m6}$	$\frac{H7}{k6}$	手锤打入(过渡配合)
滚动轴承内孔与轴的配合(内圈旋转)	j6(轻负荷)、k6、m6(中等负荷)		用压力机(实际为过盈配合)
滚动轴承外圈与箱体孔的配合(外圈不转)	H7、H6(精度要求高时)		木锤或徒手装拆
轴承套环与箱体孔的配合	$\frac{H7}{h6}$		木锤或徒手装拆

(3) 外形尺寸：表明减速器所占空间尺寸。如减速器的总长、总宽及总高。外形尺寸可供包装运输和布置安装场所作为参考。

(4) 安装尺寸：表达机器上或装配单元外部安装的其他零部件的安装配合尺寸，如轴外伸端的直径、配合长度等；表达减速器在基础上的安装时的安装位置尺寸，如箱体底面的长与宽，地脚螺栓孔的直径、中心距及定位尺寸以及中心高等。

5.3 装配工作图上零件序号、明细栏和标题栏的编写

为了便于读图、装配和做好生产准备工作(备料、订货及预算等)，必须对装配图上每个不同的零件或组件进行编号。同时绘制相应的标题栏和明细表。

编注零件序号应避免出现遗漏和重复，与零件种类必须一一对应，不同种类零件均应单独编号，对于形状、尺寸和材质完全相同的零件应编为一个序号。零件或组件序号应标注在视图外面，并填写在引出线一端的横线上，引出线的另一端画一黑点指在被标注零件视图的内部。引出线不应相交，也不应与剖面线平行；装配关系明确的零件组(如螺栓、螺母和垫圈)可用公共引出线，但应分别编注序号。独立部件(如滚动轴承、通气器等)只编一个序号。序号应沿水平方向及垂直方向以顺时针或逆时针依次顺序排列，字要比尺寸数字大一两号。

零件明细表是减速器所有零件的详细目录，明细表的填写一般是由下向上，对每一个

编号的零件都应该按序号顺序在明细表中列出。对于标准件，必须按照规定标记，完整地写出零件名称、材料、规定及标准代号。对材料要注明牌号；对齿轮、蜗杆、蜗轮应注明其主要参数，如模数 m、齿数 Z、螺旋角 β 等。

零件明细表格式，如图 5-1 所示。装配图标题栏的格式，如图 5-2 所示。

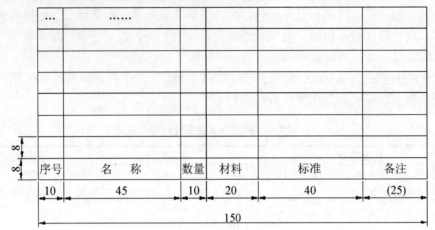

图 5-1　零件明细表格式

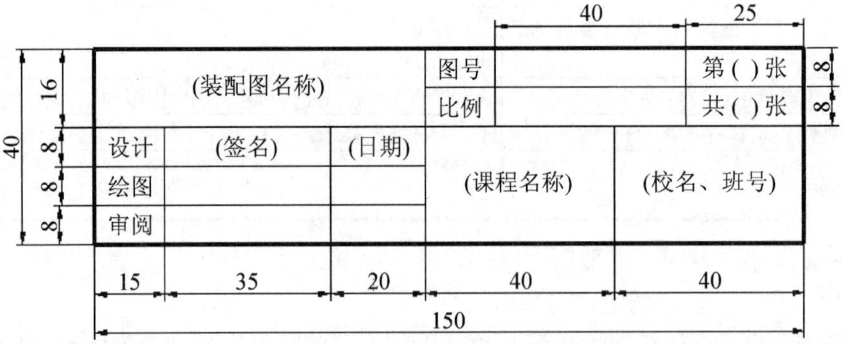

图 5-2　装配图标题栏的格式

注：表中主框线型和分格线型按制图标准。

5.4　编制减速器的技术特性表

减速器的技术特性常以表格形式布置在装置图面的空白处，表中所填写的具体内容包括：减速器输入功率、输入轴转速、效率、总传动比及各级传动的主要参数。二级减速器技术特性表如表 5-2 所示。

表 5-2　二级减速器技术特性表

输入功率(kW)	输入转速(r/min)	效率	总传动比 i	传动特性							
				第 一 级				第 二 级			
				mn	β	齿数	精度等级	m	β	齿数	数度等级
						Z1				Z1	
						Z2				Z2	

5.5　编制减速器的技术要求

制定技术要求的目的是为了保证减速器的工作性能。主要包括以下内容。

1．对零件的要求

在装配前，应按照图纸检验零件的配合尺寸，合格零件才能装配。所有零件要用煤油或汽油清洗，机体内不许有任何杂物存在，机体内壁应涂上防浸蚀的涂料。

2．对润滑剂的要求

对传动零件及轴承所用的润滑剂，其牌号、用量、补充及更换时间都要标明。

3．对密封的要求

机器运转过程中，所有联接面及外伸轴颈处都不允许漏油。部分面上允许涂密封胶或水玻璃，但不允许使用任何垫片或填料。外伸轴颈处应加装密封元件。

4．对安装调整的要求

安装滚动轴承时，要保证适当的轴向游隙；安装齿轮或蜗轮时，必须保证需要的传动侧隙。有关数据均应标注在技术要求中，供装配时检测用。

5．对实验的要求

减速器装配好后，应先作空载试验再作负载试验。空载试验为正反运转各 1 小时，要求运转平稳、噪音低、联接固定处不得松动。作负载试验时，油池温升不得超过 35℃，轴承温升不得超过 40℃。

6．对包装、运输及外观的要求

对外伸轴及其配合零件部分需涂油包装严密，机体表面应涂漆，运输及装卸不可倒置等。一般在编写技术要求时，可参考有关图纸或资料。

减速器技术条件的具体内容，可参考如下。

(1) 装配前所有零部件用煤油清洗，滚动轴承用汽油清洗，机体内不允许有任何杂物存在。内壁涂上不被机油浸蚀的防锈涂料。

(2) 滚动轴承装配后，用手转动时应轻快灵活。轴承的轴向游隙如需要在装配时调整，应调至规定数值(如调整轴承间隙：d_1 为 0.05～0.1mm，d_2 为 0.08～0.15mm)。

(3) 啮合侧隙用铅丝检验不小于 0.16mm，铅丝不得大于最小侧隙的 4 倍。

(4) 用涂色法检验斑点，按齿高接触斑点不小于 40%，按齿长接触斑点不小于 50%，必要时可用研磨或刮研以改善接触情况。

(5) 箱盖及箱座接合面严禁使用垫片及其他任何填料，必要时允许涂密封胶或水玻璃。各接触面运转过程中不允许有漏油和渗油现象出现。

(6) 减速器装配后，选择合适的机油(如 HJ－50)，加至所要求的油面高度，达到规定的油量。

(7) 空载跑合试验：在额定转速下正、反运转1～2小时，要求运转平稳，响声均匀(如噪音小于 70dB)，联接不松动，不漏油不渗油等；负载跑合试验：在额定转速及额定功率下运转至油温稳定为止。油池温升不得超过35℃，轴承温升不得超过40℃。

(8) 跑合试验合格后，更换润滑剂，用煤油擦洗零件，用汽油洗净轴承再进行装配。若滚动轴承采用润滑脂润滑，则装配前应向轴承空腔内填入适量(为空腔体积的 1/2 左右)的润滑脂。

(9) 搬动、起吊减速器应用箱座上的吊钩。箱盖上的吊环螺钉(或吊耳)只供起吊箱盖时用。

(10) 外伸轴段应涂油脂并加防护套，减速器外表面涂灰色油漆(或其他颜色油漆)，运输时勿倒置，储藏地点应干燥。

5.6 装配工作图的检查

绘制好装配工作图之后，应仔细检查图纸的设计质量。力求提供一张能用于生产的合格图纸。

主要检查以下几个方面的内容。

1. 视图

检查是否清楚表达减速器的工作原理和装配关系。投影关系是否正确。视图是否足够。是否符合机械制图国家标准。

2. 零、部件结构

检查各零、部件结构是否有错误，特别注意检查传动件、轴、轴承组合和机体的结构是否有重大错误。检查减速器的装拆、调整、维修和润滑是否可行和方便。

3. 尺寸

尺寸标注是否正确。尺寸是否符合标准系列。尺寸是否需要圆整，重要零件的位置、尺寸是否符合设计计算的要求。是否与零件工作图一致，相关零件尺寸是否协调。配合和公差等级的选择是否适当和合理等。

4. 技术特性表

检查表内各项数据和单位是否正确。

5. 技术要求

检查所提各项要求是否合理。

6. 序号、明细栏和标题栏

检查序号与明细栏是否相符。序号是否有无遗漏或重复。明细栏和标题栏内各项内容填写是否正确。

7．文字和数字

文字和数字均应按机械制图国家标准规定的格式与字体书写，保证清晰和工整，同时，应保持图面的整洁美观。

8．图纸幅面与图框应符合机械制图国家标准的规定

图纸仔细检查并修改后，再进行描粗和加深。完成后签上设计者的姓名和完成日期。再请指导老师审查、签字。

5.7　思　考　题

1．一张完整的装配图要有哪几方面的内容？为什么？

2．装配图上应标注的尺寸有哪几类？起何作用？请举例说明。

3．如何选择减速器主要零件的配合与精度？滚动轴承与轴和轴承座孔的配合如何选择？如何标注？

4．为什么在装配图上要写出技术要求？有哪些内容？

5．对传动件和轴承进行润滑的目的是什么？如何选择润滑油？如何进行润滑？

6．轴承为什么要调整轴的间隙？间隙值如何确定？如何调整间隙？

7．传动件的接触斑点在什么情况下进行检查？如何检查？影响接触斑点的主要因素是什么？

8．为什么齿轮传动、蜗杆传动安装时要保证必要的侧隙？如何获得侧隙？如何检查？

9．蜗轮和圆锥齿轮在机体中的位置是否需要调整？如何调整？

10．零件如何编号？有哪些注意事项？

11．减速器各零件的材料如何选择？

12．为什么在机体剖分面处不允许使用垫片？

13．在减速器工作时地脚螺栓组联接受哪些载荷作用？

第6章 零件工作图的设计

作为零件生产和检验的基本技术文件。零件工作图必须提供零件制造和检验的全部内容，既要反映设计意图，又要考虑加工的可能性和合理性。

6.1 轴类零件工作图

轴类零件是指圆柱体形状的零件，如轴、套筒等。

6.1.1 视图

轴类零件的工作图，一般只用一个主视图，在有键槽和孔的地方，增加必要的局部剖面或剖视图。对于退刀槽中心孔等细小的结构，必要时应绘制局部放大图，以确切表达出其形状并标注尺寸。

6.1.2 尺寸标注

轴类零件大多都是回转体，因此主要是标注直径和轴向长度尺寸，标注尺寸时，应特别注意有配合关系的部分。当各轴段直径有几段相同时，都应逐一标注不得省略。即使是圆角和倒角，也应标注或者在技术要求中说明。

标注长度尺寸时，首先应选取好基准面，并尽量使尺寸的标注反映加工工艺要求，不允许出现封闭的尺寸链，避免给机械加工造成困难。

标注轴向尺寸时，应以工艺基准面作为标注轴向尺寸的主要基准面，如图 6-1 所示，其主要基准面选择在轴肩 I-I 处，它是大齿轮的轴向定位面，同时也影响其他零件在轴上的装配位置。只要正确定出轴肩 I-I 的位置，各零件在轴上的位置就能得到保证。

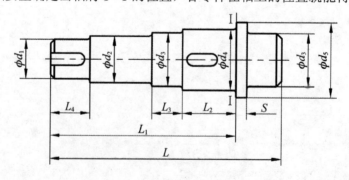

图 6-1 转轴

图 6-2 所示为齿轮轴的实例，它的轴向尺寸主要基准面选择在轴肩 I-I 处，该处是滚动轴承的定位面，图上用轴向尺寸 L_1 确定这个位置。

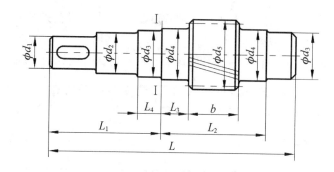

图 6-2 齿轮轴

6.1.3 标注尺寸公差

(1) 安装传动零件(齿轮、蜗轮、带轮、链轮等)、轴承以及其他回转体与密封装置处轴的直径公差。公差值按装配图中选定的配合性质从公差配合中查出。

(2) 键槽的尺寸公差。键槽的宽度和深度的极限偏差按键联接标准规定从其他有关资料中查出。

(3) 轴的长度公差。在减速器中一般不作尺寸链的计算，不必标注长度公差。

6.1.4 标注几何公差

1. 形位公差标注项目

在轴的零件工作图上，应标注必要的形位公差，以保证减速器的装配质量及工作性能。轴上应标注的形位公差项目及其对工作性能的影响，如表 6-1 所示，供设计时参考。

表 6-1 轴的形位公差标注项目

内 容	项 目	等 级	对工作性能影响
形状公差	与轴承配合表面的圆度或圆柱度	6～7	影响轴承与轴配合的松紧及对中性,会改变轴承内圈跑道的几何形状,缩短轴承寿命
	与传动轴孔配合的圆度或圆柱度	7～8	影响传动件与轴配合松紧及对中性
位置公差	轴承配合表面对轴线的圆跳动	6～8	影响传动件及轴承的运转偏心
	轴承定位端面对轴线的圆跳动	6～8	影响轴承定位及受载均匀性
	传动件轴孔配合表面对轴线的圆跳动	6～8	影响齿轮等传动件的正常运转
	传动件定位端面对轴线的圆跳动	6～8	影响齿轮等传动件的定位及受载均匀性
	键槽对轴线的对称度(要求不高时不注)	7～9	影响键受载的均匀性及装拆的难易程度

2. 形位公差值的标注

根据传动精度和工作条件等，可估算出以下几方面的形位公差值。

(1) 配合表面的圆柱度。

① 与滚动轴承或齿轮等配合的表面，其圆柱度公差约为轴径公差的 $\frac{1}{2}$。

② 与联轴器和带轮等配合的表面，其圆柱度公差约为轴径公差的 0.6～0.7 倍。

(2) 配合表面的径向圆跳动。

① 轴与齿轮、蜗轮轮毂的配合部位相对滚动轴承配合部位的径向圆跳动可按表 6-2 确定。

表 6-2　轴与齿轮，蜗轮配合部位的径向圆跳动

齿轮(蜗轮等)精度等级		6	7，8	9
轴在安装轮毂部位的径向圆跳动	圆柱齿轮和圆锥齿轮	2IT3	2IT4	2IT5
	蜗杆、蜗轮	—	2IT5	2IT6

注：IT 为轴配合部分的标准公差值。

② 轴与联轴器、带轮的配合部位相对滚动轴承配合部位的径向圆跳动可按表 6-3 确定。

表 6-3　轴与联轴器、带轮配合部位的径向圆跳动

转速(r/min)	300	600	1000	1500	3000
径向圆跳动度(mm)	0.08	0.04	0.024	0.016	0.008

③ 轴与两滚动轴承的配合部位的径向圆跳动，其公差值：对球轴承为 IT6；对滚子轴承为 IT5。

④ 轴与橡胶油封部位的径向圆跳动：轴转速 $n \leqslant 500$r/min，取 0.1mm；轴转速 $n < 500 \sim 1000$r/min，取 0.07mm；轴转速 $n > 1000 \sim 500$r/min，取 0.05mm；$n > 1500 \sim 3000$r/min，取 0.02mm。

(3) 轴肩的端面圆跳动。

① 与滚动轴承端面接触：对球轴承取(1～2)IT5；对滚子轴承约取(1～2)IT4。

② 齿轮、蜗轮轮毂端面接触：

当轮毂宽度 l 与配合直径 d 的比值 $l/d < 0.8$ 时，可按表 6-4 确定端面圆跳动；当比值 $l/d \geqslant 0.8$ 时，可不标注端面圆跳动。

表 6-4　轴与齿轮、蜗轮轮毂端面接触处的轴肩端面圆跳动

齿轮(蜗轮等)精度等级	6	7,8	9
轴肩的端面圆跳动	2IT3	2IT4	2IT5

(4) 平键键槽两侧面相对轴中心线的对称度。

对称度公差约为轴槽宽度公差的 2 倍。

按以上推荐确定的形位公差值，应圆整至相近的标准公差值，也可以根据选定的轴面精度等级直接查取。

6.1.5　表面粗糙度

轴的各个表面都要加工，与轴承相配合表面及轴肩端面粗糙度的选择参考表 6-5；其他表面粗糙度数值可按表 6-6 推荐的选择。

表6-5 配合面的表面粗糙度值

轴或轴承座直径(mm)		轴或外壳孔配合表面直径公差等级								
		IT7			IT6			IT5		
		表面粗糙度等级(μm)								
		Rz	Ra		Rz	Ra		Rz	Ra	
			磨	车		磨	车		磨	车
80	80	10	1.6	3.2	6.3	0.8	1.6	4	0.4	0.8
	500	16	1.6	3.2	10	1.6	3.2	6.3	0.8	1.6
端面		25	3.2	6.3	25	3.2	6.3	10	1.6	3.2

注：与/P0/P6(/P6x)级公差轴承配合的Ⅰ轴，其公差等级一般为IT6，外壳孔一般为IT7。

表6-6 轴加工表面粗糙度 Ra 推荐数值

加工表面	表面粗糙度 Ra 值(μm)			
与传动件及联轴器等轮毂相配合的表面	1.6～0.4			
与向心轴承配合轴颈和外壳孔的表面	见第12章轴承			
与传动件及联轴器相配合的轴肩表面	3.2～1.6			
平键键槽	3.2～1.6(工作面)，6.3(非工作面)			
与轴承密封装置相接触的表面	毡封油圈	橡胶油封		间隙及迷宫式
	与轴接触处的圆周速度(m/s)			3.2～1.6
	≤3	>3～5	>5～10	
	3.2～1.6	0.8～0.4	0.4～0.2	
螺纹牙工作面	0.8(精密精度螺纹),1.6(中等精度螺纹)			
其他表面	6.3～3.2(工作面)，12.5～6.3(非工作面)			

6.1.6 确定技术要求

(1) 确定热处理要求，如热处理方法、热处理后的硬度和碳渗深度及淬火深度等。

(2) 确定对加工的要求，如是否要保留中心孔，若需保留，应在零件图上画出或说明。

(3) 确定对未注明的圆角倒角的说明。

(4) 确定对线性尺寸未注公差和未注几何公差的要求。

(5) 确定对个别部位的修饰加工的要求。

(6) 确定对较长的轴进行毛坯校直的要求。

6.2 齿轮类零件工作图

齿轮类零件工作图中除了零件图形、尺寸公差和技术要求外，还应有啮合参数表。

6.2.1 视图

齿轮类零件工作图一般需要两个视图。主视图通常采用通过齿轮轴线的全剖视或半剖视图；侧视图可采用以表达轮毂孔和键槽的形状、尺寸为主的局部视图。若齿轮室轮辐结构，则应详细画出侧视图，并附加必要的局部视图，如轮辐的横剖面视图。齿轮轴的视图与一般轴零件类似。

6.2.2　标注尺寸

齿轮零件图中应标注径向尺寸和轴向尺寸。各径向尺寸以轮毂孔中心线为基准标注，轴向尺寸以端面为基准标注。

(1) 分度圆直径：设计的基本尺寸，在图样上标注。

(2) 齿顶圆直径、轴孔直径、轮毂直径、轮辐(或腹板)：生产加工中的尺寸，在图样上标注。

(3) 圆角、倒角、锥度、键槽等尺寸，不得重复标注也不能遗漏。

(4) 齿根圆直径：在齿轮加工时无须测量，在图样上不标注。

6.2.3　标注尺寸公差和形位公差

齿轮基准面的尺寸公差和形位公差的项目与相应数值的确定都与传动的工作条件有关。

1. 以轮毂孔为基准面标注的公差

轮毂孔不仅是装配的基准，也是切齿和检测加工精度的基准，孔的加工质量直接影响到零件的旋转精度。齿轮孔的尺寸精度按齿轮的精度查表 15-14。以孔为基准标注的尺寸偏差和几何公差如图 6-3～图 6-5 所示。几何公差有基准端面跳动、顶圆或顶锥面跳动公差，数值查齿坯公差。对蜗轮还应标注蜗轮孔中心线至滚刀中心的尺寸偏差(加工中心距偏差)，如图 6-4 中的 $a \pm f_{a0}$，f_{a0} 值参阅表 17-4 下面的表注查表确定。

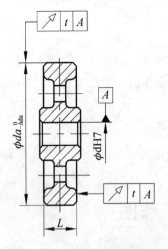

图 6-3　圆柱齿轮毛坯尺寸及公差

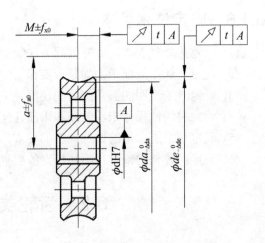

图 6-4　蜗轮毛坯尺寸及公差

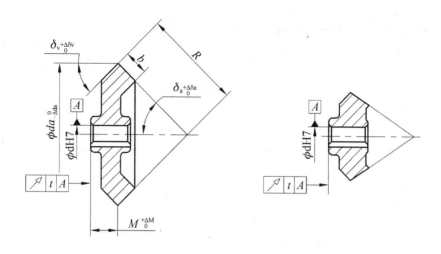

图 6-5　锥齿轮毛坯尺寸及公差

2. 以端面为基准面标注的公差

轮毂孔的端面是装配定位基准，也是切齿的定位基准，它将影响安装质量和切齿精度。所以，应标出基准端面对孔中心线的垂直度或端面圆跳动公差。

以端面为基准标注的毛坯尺寸偏差。对锥齿轮为基准端面至锥体大端的距离(轮冠距) $M_0 + \Delta M$。如图 6-5 所示，ΔM 数值查表 16-12；对蜗轮为基准端面至蜗轮中间平面的距离 $M \pm f_{x0}$ (见图 6-4)，规定这个尺寸偏差是为了保证在切齿时滚刀能获得正确的位置，以满足切齿精度的要求。f_{x0} 参阅表 17-4 下面的表注查表。

3. 齿顶圆柱面的公差

齿轮的齿顶圆作为测量基准时有两种情况：一是加工时用齿顶圆定位或找正，此时需要控制齿顶圆的径向圆跳动；二是用齿顶圆定位检验齿厚偏差，因此应标注出尺寸偏差和几何公差，如图 6-3 和图 6-4 所示。

对于锥齿轮，还要标出顶锥角极限偏差(如图 6-5 中 $\delta_a + \Delta \delta_a$，$\Delta \delta_a$ 数值查表 16-12)和杆端顶圆(外径尺寸)极限偏差，查表 16-11。

6.2.4　表面粗糙度

国标(GB/T10095.1 和 GB/T10095.2)中规定的齿轮精度等级与齿面粗糙度间没有直接的关系，但齿轮类零件的所有表面都应标明表面粗糙度，表 6-7 中推荐了 5～9 级齿轮齿面粗糙度 Ra 的参考值，供设计时选用。其他表面的粗糙度要求可参看轴表面粗糙度的荐用值，如表 6-7 所示。

表 6-7　渐开线圆柱齿轮各表面的表面粗糙度 Ra 的推荐值

表面种类	齿轮精度等级				
	5	6	7	8	9
齿面	0.5～0.63	0.8～1.0	1.25～1.6	2.0～2.5	3.2～4.0

续表

表面种类	齿轮精度等级				
	5	6	7	8	9
基准孔	0.32~0.63	1.25	2.5		
基准轴	0.32	0.63	1.25		2.5
基准端面	1.25~2.5	2.5~5		5	
顶圆柱面	1.25~2.5	5			

6.2.5 啮合参数表

啮合参数表应安置在图纸的右上角，尺寸如图 6-6 所示。参数表中除必须标出齿轮的基本参数和精度要求外，检测项目可以根据需要增减，按功能要求从 GB/T10095.1 或 GB/T10095.2 中选取。

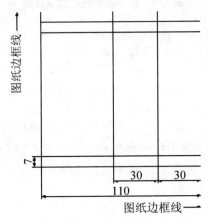

图 6-6　啮合特性表的位置和尺寸

6.2.6 齿轮技术要求

齿轮技术要求包括：
(1) 对铸件、锻件的要求，如时效处理；
(2) 对材料表面性能要求，如热处理方法、热处理后的硬度、渗透度及淬火深度等；
(3) 对未注明倒角、圆角的说明。
蜗杆与蜗轮工作图的技术要求内容与齿轮工作图相似。

6.3　机体零件工作图

铸造箱体通常设计成剖分式，由箱座及箱盖组成。因此箱体工作图应按箱座、箱盖两个零件分别绘制。

6.3.1 视图

箱座、箱盖的外形及结构均比较复杂。为了正确、完整地表明各部分的结构形状及尺寸，通常除采用三个主要视图外，还应根据结构和形状的需要增加一些必要的局部剖视图及局部放大图。

6.3.2 尺寸标注

箱体尺寸繁多，既要求在工作图上标出其制造(铸造、切削加工)及测量和检验所需的全部尺寸，而且所标注的尺寸应多而不乱，一目了然。

1. 部位的形状尺寸

部位的形状尺寸即表明箱体各部分形状大小的尺寸，如箱体(箱座、箱盖)的壁厚、长、宽、高、孔径及其深度、螺纹孔尺寸、凸缘尺寸、圆角半径、加强肋厚度和高度、各曲线的曲率半径、各倾斜部分的斜度等。

2. 相对位置尺寸和定位尺寸

相对位置尺寸和定位尺寸，这是确定箱体各部分相对于基准的尺寸，如孔的中心线、曲线的曲率中心位置、孔的轴线与相应基准间的距离、斜度的起点及其与相应基准间的距离、夹角等。标注时，应先选好基准，最好以加工基准面作为基准，这样对加工、测量均有利。通常箱盖与箱座在高度方向以剖分面(或底面)为基准，长度方向以轴承座孔的中心线，宽度方向以轴承座孔端面为基准。基准选定后，各部分的相对位置尺寸和定位尺寸都从基准面标注。

3. 对机械工作性能有影响的尺寸

对机械工作性能有影响的尺寸，如传动件的中心距及其偏差、采用嵌入式轴承端盖所需要在箱体上开出的沟槽位置尺寸等，标注时，均应考虑检验该尺寸的方便性及可能性。

6.3.3 尺寸公差和形位公差的标注

箱座与箱盖上应标注的尺寸公差如表 6-8 所示，应标注的形位公差如表 6-9 所示。

表6-8 箱座与箱盖的尺寸公差

名　　称	尺寸公差值	
箱座高度 H	h11	
两轴承座孔外端面之间的距离 L	有尺寸链要求时	(1/2)IT11
	无尺寸链要求时	H14
箱体轴承座孔中心距偏差 ΔA_0	$\Delta A_0 = (0.7 \sim 0.8) f_a$，　f_a 见表 15-7	

表 6-9　箱座与箱盖的形位公差

名　称		形位公差
箱体接触面的平面度	底面	100mm 长度上不大于 0.05mm
	剖分面	100mm 长度上不大于 0.02mm
	轴承座孔外端面	100mm 长度上不大于 0.03mm
基准平面的平行度		100mm 长度上不大于 0.05mm
基准平面的垂直度		100mm 长度上不大于 0.05mm
轴承座孔轴线与底面的平行度		h11
箱体高度 L 内，轴承座孔的轴线在两个相互垂直面内的平行度		$f_x = F_\beta$；　$f_y = \frac{1}{2}F_\beta$。　F_β 查表 15-8
轴承座孔(基准孔)轴线对端面的垂直度		普通级球轴承：0.08～0.1 普通级滚子轴承：0.03～0.04
两轴承座孔的同轴度		非调心球轴承：IT6 非调心滚子轴承：IT5
轴承座孔圆柱度		直接安装滚动轴承时：0.3 倍尺寸公差 其余情况：0.4 倍尺寸公差

6.3.4　表面粗糙度的标注

箱座与箱盖各加工表面推荐使用的表面粗糙度值如表 6-10 所示。

表 6-10　箱座、箱盖加工表面推荐使用的表面粗糙度值

加工表面	粗糙度 Ra 值	加工表面	粗糙度 Ra 值
剖分面	3.2～1.6	轴承端盖及套杯的其他配合面	6.3～1.6
轴承座孔	1.6～0.8	油沟及检视孔联接面	12.5～6.3
轴承座凸缘外端面	3.2～1.6	箱座底面	12.5～6.3
螺栓孔、螺栓或螺钉沉头座	12.5～6.3	圆锥销孔	1.6～0.8

6.3.5　技术要求

箱座、箱盖的技术要求可包括以下内容。

(1) 铸件应进行清砂及时效处理。

(2) 铸件不得有裂纹，结合面及轴承孔内表面应无蜂窝状缩孔，单个缩孔深度不得大于 3mm，直径不得大于 5mm，其位置距外缘不得超过 15mm，全部缩孔面积应小于总面积的 5%。

(3) 轴承孔端面的缺陷尺寸不得大于加工表面的 15%，深度不得大于 2mm，位置应在轴承盖的螺钉孔外面。

(4) 检视孔盖的支承面，其缺陷深度不得大于 1mm，宽度不得大于支承面的 1/3，总面积不大于加工面的 5%。

(5) 箱座和箱盖的轴承座孔应合起来进行镗孔。

(6) 剖分面上的定位销孔加工时,应将箱盖、箱座合起来进行配钻、配铰。

(7) 形位公差中不能用符号表示的要求,如轴承座孔轴线间的平行度、偏斜度等。

(8) 铸件的圆角及斜度。

以上要求不必全部列出,可视具体设计列出其中重要项目即可。

6.4 思 考 题

1. 零件工作图的功用是什么?零件工作图设计包括哪些内容?

2. 在零件工作图标注尺寸时,应如何选取基准?

3. 轴的标注尺寸和轴的加工工艺有何关系?

4. 分析轴表面粗糙度和工作性能及加工工艺的关系。

5. 分析轴的形位公差对其工作性能的影响。

6. 如何选择齿轮类零件的误差检验项目?它们和齿轮精度的关系如何?

7. 如何标注机体零件工作图的尺寸?

8. 分析机体的形位公差对减速器工作性能的影响?

9. 零件工作图中哪些尺寸需要圆整?

第7章 编写设计说明书及答辩

设计计算说明书是设计计算的整理和总结，是图纸设计的理论根据，而且是审核设计的技术文件之一。因此编写设计计算说明书是设计工作的重要组成部分。

7.1 设计计算说明书的内容

设计计算说明书的内容与设计任务有关。对于以减速器为主的机械传动装置设计，其说明书大致包括以下几点。

(1) 目录(标题，页次)；

(2) 设计任务书(原始的设计任务书)；

(3) 前言(题目及传动方案的分析等)；

(4) 电动机的选择，传动系统的运动和动力参数计算(计算所需电动机的功率，选择电动机，计算总传动比和分配各级传动比，计算各轴转速、功率和转矩)；

(5) V 带传动(或链传动或开式齿轮传动)的设计计算；

(6) 减速器传动零件的设计计算(确定齿轮或蜗杆传动的主要参数)；

(7) 轴的设计计算及校核；

(8) 轴承的选择和计算；

(9) 键联接的选择和计算；

(10) 联轴器的选择；

(11) 箱体设计(主要结构尺寸的设计计算及必要的说明)；

(12) 润滑剂的牌号及用量、密封方式、传动装置(减速器)的附件等的说明；

(13) 设计小结(简要说明作课程设计的体会及本设计的优缺点及改进意见等)；

(14) 参考资料(资料的编号、作者、书名、出版单位和出版年月)。

7.2 编写设计计算说明书时应注意的事项

设计计算说明书除系统地说明设计过程中所考虑的问题和全部的计算项目外，还应阐明设计的合理性、经济性以及装拆方面的问题。同时还应注意下列事项。

(1) 计算正确完整，文字简洁通顺，书写整齐规范。对计算内容只需写出计算公式并代入有关数据，直接得出最后结果(计算的中间过程不必写出)。说明书中还应包括与文字叙述和计算有关的必要简图(如传动方案简图，轴的受力分析，弯、扭矩图及结构图等)。

(2) 说明书中所引用的重要计算公式和数据，应注明出处(注出参考资料的统一编号、页次和公式号或图表号等)。对所得的计算结果，应有"适用"、"安全"等结论。

(3) 说明书须用专用纸按上述推荐的顺序及规定格式用钢笔等誊写，标出页次，编好目录、封面并装订成册。

7.3　书　写　格　式

设计计算说明书要按一定的格式书写，做到条理清晰、有理有据有结果，计算说明书编制的书写格式如表 7-1 所示。

表 7-1　设计计算说明书的书写格式

设计计算及说明	结　果
1．电动机的选择 (1) 确定电动机类型。 根据电源及工作机条件，选择卧式封闭型 Y 系列三相异步电动机。 (2) 确定电动机功率。 运输机带速为	
$$v = \frac{\pi n_w D}{1000 \times 60} = \frac{3.14 \times 80 \times 480}{1000 \times 60}$$	$v = 2.01\,\text{m/s}$
查表 2-3， 皮带传动效率 $\eta_1 = 0.96$ 滚子轴承效率 $\eta_2 = 0.98$ 齿轮传动效率 $\eta_3 = 0.97$ 联轴器效率 $\eta_4 = 0.99$ Ⅰ 轴与Ⅱ轴之间的传动效率为	
$$\eta_{12} = 0.98 \times 0.97$$	
Ⅱ轴与Ⅲ轴之间的传动效率为	
$$\eta_{23} = 0.98 \times 0.97$$	$\eta_{12} = 0.9506$
Ⅲ轴与滚筒之间的传动效率为	
$$\eta_{3w} = 0.99 \times 0.98^2$$	$\eta_{23} = 0.9506$
从电动机与滚筒的总效率为	
$$\eta = \eta_{01}\eta_{12}\eta_{23}\eta_{3w} = 0.96 \times 0.9506 \times 0.9506 \times 0.9508$$	$\eta_{3w} = 0.9508$
运输机输入功率为	
$$P_w = \frac{Fv}{1000\eta_w} = \frac{2800 \times 2.01}{1000 \times 0.96}\,\text{kW}$$	
工作机时所需电动机输出功率为　　$P = \dfrac{P_w}{\eta} = \dfrac{5.86}{0.825}\,\text{kW}$	$\eta = 0.825$ $P_w = 5.86\,\text{kW}$
(3) 确定电动机转速。 该传动系统无特殊要求，不选用同步转速为 750r/min 和 600r/min 的电动机，查表 2-4，额定功率满足要求的电动机有三种，分别是 Y132S2-2、Y132M-4 和 Y160M-6，性能参数如下所示。	$P = 7.10\,\text{kW}$

方案	电动机型号	额定功率 P_{ed}/kW	电动机转速(r/min)		总传动比
			同步转速	满载转速	
1	Y132S2-2	7.5	3000	2900	36.25
2	Y132M-4	7.5	1500	1440	18
3	Y160M-6	7.5	1500	970	12.13

续表

设计计算及说明	结　果
由上面数据可见，方案 1 电动机转速较高，尺寸较小，价格较低，但总传动比较大，传动装置尺寸较大；方案 3 电动机转速较小，尺寸较大，价格较贵，传动装置尺寸也会因电动机转速低而变大。方案 2 的各种参数均比较适中。	选择 Y132M-4 型电动机
(4) 分配传动比。	满载转速为
查表 2-1，V 带的传动比≤7，单级圆柱齿轮的传动比为 4～6。	1440r/min
取 V 带传动的传动比为 2.5，则齿轮减速器的总传动比 $i=7.2$，高速级齿轮传动比为 $i_1=\sqrt{(1.3\sim1.5)i}=3.06\sim3.29$	$i=7.2$
	$i_1=3.1$
低速级齿轮传动比为	
$$i_2=\frac{i}{i_1}=2.32$$	$i_2=2.32$
…	
$$T_{\text{I}}=9550\frac{P_{\text{I}}}{n_{\text{I}}}=9550\times\frac{7.10}{1440}=47.1\text{N}\cdot\text{m}$$	…
$$T_{\text{II}}=9550\frac{P_{\text{II}}}{n_{\text{II}}}=9550\times\frac{6.75}{576}=113.1\text{N}\cdot\text{m}$$	
$$T_{\text{III}}=9550\frac{P_{\text{III}}}{n_{\text{III}}}=9550\times\frac{6.10}{80}=735.4\text{N}\cdot\text{m}$$	
$$T_{\text{IV}}=9550\frac{P_{\text{IV}}}{n_{\text{IV}}}=9550\times\frac{5.92}{80}=713.9\text{N}\cdot\text{m}$$	

7.4　课程设计的总结和答辩

答辩是课程设计最后的一个重要环节。目的是检查学生对知识的活学活用情况，同时锻炼学生分析问题和解决问题的能力。

答辩前，学生应认真做好答辩准备，同时应把设计图纸及设计说明书交指导教师审阅，然后叠好图纸，折图纸时应按规定格式，同时装订好说明书，一并装入课程设计档案袋内，准备进行答辩。

下面是按设计顺序列出的思考题，以提醒和启发设计者在设计过程中应该注意的问题和设计思路，它除了可提供准备答辩之用外，还可以作为设计各阶段引导思考和深入理解的途径。

1. 传动方案分析及传动参数计算

(1) 根据减速器的设计过程，简述一般机械的设计过程。

(2) 试述你在减速器设计中，在哪些方面考虑了设计任务书中给出的"设计数据与要求"。

(3) 对照你的设计，说明你采用的传动装置方案有何优缺点？

(4) 为什么在通常的传动装置中常采用多级传动而不用单级传动？

(5) 为什么常把 V 带传动置于高速级？而链传动布置在低速级？

(6) 直齿圆柱齿轮和斜齿圆柱齿轮传动各有何优缺点？你的设计是如何考虑的？

(7) 蜗杆传动一般用于传动比较大、传动功率不大的情况，为什么常把它布置在传动装置的高速级？而开式齿轮传动为什么要布置在低速级？

(8) 各种传动机构的传动比范围大概为多少？为什么有这种限制？

(9) 如何计算总传动比？它和各分传动比有何关系？

(10) 请说明你所选电动机的标准系列代号及其结构类型。

(11) 电动机同步转速选取过高和过低有何利弊？

(12) 电动机的额定功率如何确定？过大或过小各有什么问题？

(13) 在传动参数计算中，各轴的计算转矩为什么要按输入值计算？

(14) 电动机选定后，为什么要记录它的输出轴直径、伸出端长度及中心高？

(15) 传动比计算产生偏差为什么不易避免？从总体上应如何控制？

2. 传动及传动件的设计计算

(1) 试述 V 带传动较其他带传动的优点是什么？

(2) 带传动可能出现的失效形式是什么？设计中你采用了哪些措施来避免？

(3) 小带轮直径的大小受什么条件限制？对传动有何影响？

(4) 带传动设计中，哪些参数要取标准值？

(5) 带传动设计中，为什么常把松边放在上边？

(6) 你所设计的带轮在轴端是如何定位和固定的？

(7) 你所设计的齿轮传动中，可能出现的失效形式是什么？

(8) 如何确定齿轮的齿数和齿宽？它们的大小对传动有何影响？

(9) 齿轮的软、硬齿面是如何划分的？其性质有何不同？

(10) 你所设计的齿轮硬度差是多少？为什么要有硬度差？

(11) 你所设计的齿轮减速器的模数 m 和齿数 Z_1 是如何确定的？为什么低速级齿轮的模数 m_2 大于高速级齿轮的模数 m_1？

(12) 你所设计的传动件哪些参数是标准的？哪些参数应该圆整？哪些参数不应该圆整？为什么？

(13) 试述你所设计的齿轮传动(或蜗杆传动)的主要失效形式及其设计准则。

(14) 在什么情况下做成齿轮轴？在什么情况下齿轮与轴分开？你所设计的齿轮轮齿是如何加工的？

(15) 如何确定轮齿宽度 b？为什么通常大、小齿轮的宽度不同，且 $b_1 > b_2$？

(16) 在齿根弯曲疲劳强度计算时，为什么须对两个齿轮的强度都作计算？

(17) 你在设计齿轮传动选择载荷系数 K 时考虑了哪些因数？你是如何取值的？

(18) 轮齿在满足弯曲强度的条件下，其模数、齿数是如何确定的？是否要标准化、系列化？

(19) 计算齿轮传动的几何尺寸时，为什么分度圆直径、螺旋角和中心矩等必须计算得很准确？

(20) 你设计的齿轮毛坯采用什么方法制造？为什么？

(21) 在哪些情况下，齿轮结构采用实心式、腹板式、轮辐式？

(22) 选择小齿轮的齿数应考虑哪些因素？齿数的多少各有何利弊？

(23) 你所设计的齿轮精度是如何选取的？盲目选择精度等级会造成什么后果？

(24) 齿轮传动为什么要有侧隙？

(25) 计算一对齿轮接触应力和弯曲应力时，应按哪个齿轮所受的转矩进行，为什么？

(26) 什么场合选用斜齿圆柱齿轮传动比较合理？

(27) 斜齿圆柱齿轮哪个面内的模数为标准值？

(28) 一对斜齿圆柱齿轮啮合，螺旋线方向是相同还是相反？螺旋角 β 的大小对传动有何影响？

(29) 你在设计斜齿圆柱齿轮时是如何考虑轴向力的？

(30) 圆锥齿轮传动的特点是什么？

(31) 圆锥齿轮的标准模数是在大端还是在小端？为什么？

(32) 蜗杆传动的正确啮合条件是什么？

(33) 蜗杆传动以哪个平面的参数和尺寸为标准？

(34) 在你的设计中是如何选择蜗杆、蜗轮材料的？在强度计算中所用接触应力 σ_H 是如何确定的？

(35) 试述蜗轮的结构型式？你所设计的蜗轮的轮缘、轮毂和轮辐部分结构尺寸是如何确定的？

(36) 在蜗杆传动设计时如何选择蜗杆的头数 Z_1？在蜗杆传动中为什么要对应于每个模数 m 规定一定的蜗杆分度圆直径 d_1？

3. 轴的设计计算

(1) 你设计的减速器输入轴、输出轴是如何布置的？它们分别外接什么零部件？

(2) 轴上各段直径如何确定？为什么要尽可能取标准直径？

(3) 轴的各段长度是怎样确定的，外伸段直径如何确定？

(4) 为什么转轴多设计成阶梯轴？以减速器中输入轴为例，说明各段直径和长度如何确定？

(5) 试述你设计的轴上零件的轴向与周向定位方法。

(6) 以输出轴为例，说明轴与轴上零件采用什么样的配合？

(7) 在轴的端部和轴肩处为什么要有倒角？对轴肩(或轴环)高度及圆角半径有什么要求？为什么？

(8) 试述你设计的轴上零件的固定、装拆及调整方法？轴的截面尺寸变化及圆角大小对轴有何影响？

(9) 轴承在轴上如何安装和拆卸？为便于轴承的装拆，在设计轴的结构时要考虑哪些问题？

(10) 以你所设计的减速器中输出轴为例，说明设计轴的结构时要考虑哪些问题？

(11) 轴上键槽的长度和位置如何确定？你所设计的轴及轮毂上的键槽是如何加工的？

(12) 轴上中心孔的功用是什么？如何选择和标注？

(13) 为提高某轴的刚度，将原选用的 45 号钢改为 40Gr 钢是否可行？为什么？

(14) 在设计中，你是如何选择轴的材料及热处理方法的？

(15) 轴上的退刀槽、砂轮越程槽和圆角的作用是什么？你设计的轴上哪些部位采用了上述结构？

(16) 轴调质后,对其强度和刚度有何影响？为提高轴的强度和刚度,你采用了哪些措施？

(17) 试述你设计的减速器中低速轴上零件的装拆顺序。

(18) 你设计的轴技术要求包括哪些内容？

4. 滚动轴承、键和联轴器的选择、校核

(1) 试述你选用的滚动轴承代号的含义。其选择依据是什么？

(2) 为什么一般滚动轴承的内圈与轴颈采用基孔制配合,外圈与座孔采用基轴制的配合？

(3) 在你的设计中,轴承内外圈的配合基准是什么？为什么这样选取？

(4) 你是怎样选滚动轴承类型和尺寸的？

(5) 深沟球轴承有无内部间隙？能否调整？哪些轴承有内部间隙？

(6) 角接触球轴承或圆锥滚子轴承为什么要成对使用？

(7) 对斜齿轮、锥齿轮及蜗杆传动,轴承的选择要考虑哪些因素？

(8) 滚动轴承有哪些失效形式？如何验算其寿命？

(9) 何为滚动轴承的额定动载荷、当量动载荷？ 滚动轴承的额定寿命 L_h 如何计算？
若 $L_h \gg L_A$ 使用时该怎么办？

(10) 嵌入式轴承端盖结构如何调整轴承间隙及轴向位置？

(11) 如何选择、确定键的类型和尺寸？

(12) 键联接应进行哪些强度核算？若强度不够如何解决？

(13) 轴上键的轴向位置与长度应如何确定？

(14) 轴与轮毂上的键槽可采用什么加工方法？

(15) 你的设计中所选用的联轴器型号是什么？你是根据什么来选择的？

(16) 高速级和低速级的联轴器型号的何不同？为什么？

(17) 初估直径如何与联轴器孔径尺寸、电动机轴尺寸协调一致？

(18) 在联轴器的工作能力验算中为什么要考虑工作情况系数？

5. 装配图、零件工作图的设计绘制

(1) 装配图的作用是什么？在你绘制的装配图上选择了几个视图和几个剖视图？

(2) 装配图上应标注哪几类尺寸？

(3) 你是怎样选择轴与轴上齿轮、轴承盖、联轴器及键等的配合的？

(4) 轴承旁联接螺栓位置应如何确定？轴承旁箱体凸台尺寸、高度及外形如何确定？

(5) 试述装配图上减速器性能参数和技术条件的主要内容与含义。

(6) 根据你的设计,谈谈采用边计算、边绘图和边修改的"三边"设计方法的体会？

(7) 零件工作图上有哪些技术要求？

(8) 同一轴上的圆角尺寸为何要尽量统一？阶梯轴采用圆角过渡有什么意义？

(9) 说明齿轮类零件工作图中啮合特性表的内容。

(10) 表面粗糙度对机械零件的使用性能有何影响？

(11) 根据你绘制的零件工作图,说明对其形位公差有哪些基本要求？

6. 减速器箱体的结构及附件设计

(1) 减速器箱体采用剖分式有哪些好处？

(2) 减速器箱体常用哪些材料制造？你选用什么材料？为什么？

(3) 对铸造箱体，为什么要有铸造圆角及最小壁厚的限制？

(4) 减速器轴承座上下处的肋筋有何作用？

(5) 结合你的设计图纸指出，箱体有哪些部位需要加工？

(6) 减速器上与螺栓和螺母接触的支撑面为什么要设计出凸台或沉头座(鱼眼坑)？

(7) 决定减速器的中心高度要考虑哪些因素？

(8) 吊钩有哪几种形式，布置时应注意什么问题？

(9) 是否允许用箱盖上的环首螺钉或吊耳来起吊整台减速器？为什么？

(10) 减速器上的检视孔有何用处？应安置在何处为宜？

(11) 减速器上通气器有何用处？应安置在何处为宜？

(12) 如何确定放油螺塞的位置？它为什么用细牙螺纹或圆锥管螺纹？

(13) 为了避免或减少油面波动有干扰，油标应布置在哪个部位？

(14) 启盖螺钉的作用是什么？其结构有何特点？

7. 减速器润滑、密封选择及其他

(1) 轴承盖的主要作用是什么？常用型式有哪几种？各有何优缺点？你设计的属于哪一种？

(2) 你设计的齿轮和轴承采用了哪种润滑方式？根据是什么？

(3) 单级齿轮传动若用浸油润滑，大齿轮顶圆到油池底的距离至少应为多少？为什么？

(4) 在减速器中，为什么有的滚动轴承座孔内侧用挡油环，而有的不用？

(5) 当轴承采用油润滑时，如何从结构上考虑供油充分？

(6) 挡油环(或甩油板)的宽度为何要伸出箱体内壁 2~3mm？

(7) 在你的设计中，减速器有哪些地方要考虑密封？采用的密封形式是什么？

(8) 你所选择的密封形式根据是什么？

(9) 能否在减速器上下箱体接合面处加垫片等来防止箱内润滑油的泄漏？为什么？

(10) 如何测定减速器箱体内的油量？

(11) 减速器由哪几部分组成？

(12) 设计说明书应包括哪些内容？

(13) 设计中为什么要严格执行国家标准、部颁标准和本部门的规范？

(14) 你设计的减速器总重量约为多少？

(15) 你的设计还存在哪些缺陷和不足之处？有何改进建议？

8. 蜗杆减速器的有关题目

(1) 蜗杆传动的正确啮合条件是什么？在设计蜗杆传动时，取哪个截面上的参数和尺寸作为计算基准？

(2) 在蜗杆传动中为什么要引入蜗杆直径系数 q？

(3) 你所设计的蜗杆、蜗轮，其材料是如何选择的？

(4) 为什么蜗杆传动比齿轮传动效率低？蜗杆传动的效率包括几部分？

(5) 蜗轮轴上滚动轴承的润滑方式有几种？你所设计的减速器上采用哪种润滑方式？蜗杆轴上的滚动轴承是如何润滑的？

(6) 在蜗杆传动中，如何调整蜗轮与蜗杆中心平面的重合？

(7) 在蜗轮传动中，蜗轮的转向如何确定？啮合时的受力方向如何确定？

(8) 根据你的设计，谈谈为什么要采用蜗杆上置(或下置)的结构形式？

(9) 蜗杆减速器的浸油深度如何确定？油池深度又是怎样确定的？

(10) 蜗杆传动的散热面积不够时，可采用哪些措施解决散热问题？

(11) 为什么闭式蜗杆传动要进行热平衡计算？若温升过大则应采取哪些措施使温升降下来？

(12) 蜗轮轴上滚动轴承的润滑方式有几种？你所设计的减速器上采用了哪种？蜗杆轴上滚动轴承是怎样润滑的？蜗杆轴上装挡油板的作用是什么？

第8章 机械设计课程设计题目

机械设计课程设计题目的选择，首先应考虑覆盖机械设计课程的主要内容，并且能够涉及机械设计的众多其他问题，其次应考虑选用难度和工作量要简单适当的整机设计，让学生掌握一般机械设计的程序和方法。

8.1 课程设计题目及任务

题目一：带传动及单级圆柱齿轮减速器

(1) 设计任务：设计带式输送机传动系统。要求传动系统中含有带传动及单级圆柱齿轮减速器。

(2) 传动系统参考方案，如图 8-1 所示。

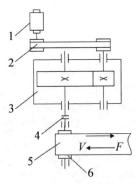

图 8-1 题目一参考方案

1—电动机；2—带传动；3—单级圆柱齿轮减速器；4—联轴器；5—输送带；6—滚筒

(3) 原始数据，如表 8-1 所示，其中：F(N)为输送带有效拉力；V(m/s)为输送带工作速度；D(mm)为输送带滚筒直径。

表 8-1 设计原始数据

原始数据(组号)	题 号							
	1	2	3	4	5	6	7	8
输送带曳引力 F(N)	6000	6200	6500	6700	6800	7000	7200	7500
输送带运行速度 V(m/s)	0.8	0.8	0.8	0.7	1.0	1.2	1.1	0.7
滚筒直径 D(mm)	335	330	335	335	330	340	345	300
原始数据(组号)	题 号							
	9	10	11	12	13	14	15	16
输送带曳引力 F(N)	7500	7600	11	12	13	14	15	16

续表

原始数据(组号)	题 号							
	9	10	11	12	13	14	15	16
输送带运行速度 V(m/s)	0.8	0.9	6900	7700	7800	7900	8000	8000
滚筒直径 D(mm)	300	310	0.9	1.0	1.1	1.0	0.9	0.8

原始数据(组号)	题 号							
	17	18	19	20	21	22	23	24
输送带曳引力 F(N)	8100	8200	8300	8500	1900	2000	2100	2200
输送带运行速度 V(m/s)	1.1	1.2	1.0	1.2	1.6	1.8	1.6	1.6
滚筒直径 D(mm)	360	360	310	350	400	450	400	450

原始数据(组号)	题 号							
	25	26	27	28	29	30	31	32
输送带曳引力 F(N)	2300	2400	2500	2600	2700	2800		
输送带运行速度 V(m/s)	1.5	1.8	1.5	1.8	1.6	1.8		
滚筒直径 D(mm)	450	450	400	450	400	450		

(4) 工作条件：两班工作制，工作载荷平稳，电压为 380/220V 三相交流电源，减速器寿命 5 年。

题目二：圆锥齿轮减速器

(1) 设计任务：设计带式输送机传动系统。要求传动系统中含有圆锥齿轮减速器。

(2) 传动系统参考方案，如图 8-2 所示。

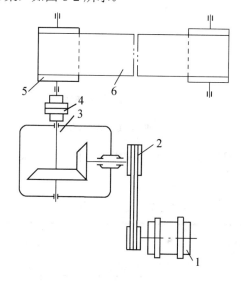

图 8-2 题目二参考方案

1—电动机；2—带传动；3—减速器；4—联轴器；5—滚筒；6—传送带

(3) 原始数据，如表 8-2 所示，其中：F(N)为输送带有效拉力；V(m/s)为输送带工作速度；D(mm)为输送带滚筒直径。

表 8-2　设计原始数据

原始数据(组号)	题　号							
	1	2	3	4	5	6	7	8
输送带曳引力 F(N)	2000	2200	2400	2600	2800	3000	3200	3400
输送带运行速度 V(m/s)	0.8	1.2	0.9	1.2	0.8	1.1	1.2	1.4
滚筒直径 D(mm)	280	360	300	360	280	340	360	380

(4) 工作条件：两班工作制，工作载荷平稳，电压为 380/220V 三相交流电源，减速器寿命 5 年。

题目三：两级圆柱齿轮减速器

(1) 设计任务：设计带式输送机传动系统。要求传动系统中含有两级圆柱齿轮减速器。

(2) 传动系统参考方案，如图 8-3 所示。

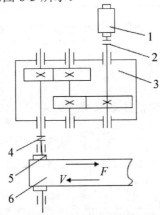

图 8-3　题目三参考方案

1—电动机；2, 4—联轴器；3—两级圆柱齿轮减速器；5—滚筒；6—输送带

(3) 原始数据，如表 8-3 所示，其中：F(N)为输送带有效拉力；V(m/s)为输送带工作速度；D(mm)为输送带滚筒直径。

表 8-3　设计原始数据

原始数据(组号)	题　号							
	1	2	3	4	5	6	7	8
输送带曳引力 F(N)	4000	4100	4200	4300	4500	4600	4700	4800
输送带运行速度 V(m/s)	0.8	0.8	0.9	0.83	1.0	0.9	1.0	0.9
滚筒直径 D(mm)	335	330	335	335	360	340	345	330

续表

原始数据(组号)	题　号							
	9	10	11	12	13	14	15	16
输送带曳引力 F(N)	4900	5000	3000	3000	3100	3200	3300	3400
输送带运行速度 V(m/s)	0.8	0.8	1.2	1.3	1.2	1.3	1.4	1.4
滚筒直径 D(mm)	350	320	350	380	330	300	340	350
原始数据(组号)	题　号							
	17	18	19	20	21	22	23	24
输送带曳引力 F(N)	3500	3600	3700	3800				
输送带运行速度 V(m/s)	1.1	1.2	1.3	1.0				
滚筒直径 D(mm)	360	370	310	350				

(4) 工作条件：两班工作制，工作载荷平稳，电压为 380/220V 三相交流电源，减速器寿命 5 年。

题目四：带传动及两级圆柱齿轮减速器

(1) 设计任务：设计带式输送机传动系统。要求传动系统中含有带传动及两级圆柱齿轮减速器。

(2) 传动系统参考方案，如图 8-4 所示。

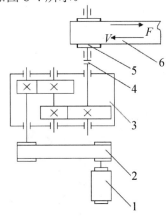

图 8-4　题目四参考方案

1—电动机；2—带传动；3—两级圆柱齿轮减速器；
4—联轴器；5—滚筒；6—输送带

(3) 原始数据如表 8-4 所示，其中：F(N)为输送带有效拉力；V(m/s)为输送带工作速度；D(mm)为输送带滚筒直径。

表8-4　设计原始数据

原始数据(组号)	题　号							
	1	2	3	4	5	6	7	8
输送带曳引力 F(N)	3300	3200	3100	3000	2900	2800	2700	2600
输送带运行速度 V(m/s)	0.45	0.47	0.5	0.52	0.53	0.55	0.58	0.62
滚筒直径 D(mm)	320	320	350	350	380	380	380	400

原始数据(组号)	题　号							
	9	10	11	12	13	14	15	16
输送带曳引力 F(N)	4200	4000	3900	3800	3700	3600	3500	3400
输送带运行速度 V(m/s)	0.46	0.48	0.49	0.51	0.54	0.56	0.57	0.60
滚筒直径 D(mm)	310	330	340	360	370	390	410	420

原始数据(组号)	题　号							
	17	18	19	20	21	22	23	24
输送带曳引力 F(N)	4800	4700	4600	4500	4400	4300	4200	4100
输送带运行速度 V(m/s)	0.38	0.39	0.40	0.41	0.42	0.43	0.44	0.45
滚筒直径 D(mm)	320	330	340	350	370	380	390	400

原始数据(组号)	题　号							
	25	26	27	28	29	30	31	32
输送带曳引力 F(N)	5600	5500	5400	5300	5200	5100	5000	4900
输送带运行速度 V(m/s)	0.37	0.36	0.35	0.34	0.33	0.32	0.31	0.30
滚筒直径 D(mm)	310	300	290	280	270	260	250	240

原始数据(组号)	题　号							
	33	34	35	36	37	38	39	40
输送带曳引力 F(N)	6400	6300	6200	6100	6000	5900	5800	5700
输送带运行速度 V(m/s)	0.45	0.45	0.45	0.45	0.45	0.45	0.45	0.45
滚筒直径 D(mm)	400	410	420	430	440	450	460	470

原始数据(组号)	题　号							
	41	42	43	44	45	46	47	48
输送带曳引力 F(N)	7200	7100	7000	6900	6800	6700	6600	6500
输送带运行速度 V(m/s)	0.55	0.55	0.55	0.55	0.55	0.55	0.55	0.55
滚筒直径 D(mm)	570	560	550	540	530	520	510	500

原始数据(组号)	题　号							
	49	50	51	52	53	54	55	56
输送带曳引力 F(N)	8000	7900	7800	7700	7600	7500	7400	7300
输送带运行速度 V(m/s)	0.65	0.65	0.65	0.65	0.65	0.65	0.65	0.65
滚筒直径 D(mm)	670	660	650	640	630	620	610	600

(4) 工作条件：两班工作制，工作载荷平稳，电压为 380/220V 三相交流电源，减速器寿命 5 年。

题目五：单级蜗杆减速器

(1) 设计任务：设计带式输送机传动系统。要求传动系统中含有单级蜗杆减速器。

(2) 传动系统参考方案，如图 8-5 所示。

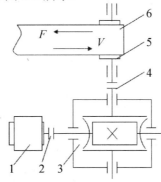

图 8-5　题目五参考方案

1—电动机；2，4—联轴器；3—单级蜗杆减速器；5—滚筒；6—输送带

(3) 原始数据如表 8-5 所示。其中：F(N)为输送带有效拉力；V(m/s)为输送带工作速度；D(mm)为输送带滚筒直径。

表 8-5　设计原始数据

原始数据(组号)	题　号							
	1	2	3	4	5	6	7	8
输送带曳引力 F(N)	2000	2100	2200	2300	2300	2400	2500	2500
输送带运行速度 V(m/s)	1.0	1.1	1.1	0.9	0.9	1.2	1.1	1.0
滚筒直径 D(mm)	335	330	335	340	360	340	335	350
原始数据(组号)	题　号							
	9	10	11	12	13	14	15	16
输送带曳引力 F(N)	2600	2700	2900	3000	3200	3300	3400	3500

续表

原始数据(组号)	题 号							
	9	10	11	12	13	14	15	16
输送带运行速度 V(m/s)	0.85	0.75	0.7	0.8	0.7	0.80	0.6	0.60
滚筒直径 D(mm)	340	300	290	300	300	300	280	290
原始数据(组号)	题 号							
	17	18	19	20	21	22	23	24
输送带曳引力 F(N)	2800	2900	3000	3200				
输送带运行速度 V(m/s)	0.65	0.65	0.60	0.90				
滚筒直径 D(mm)	300	310	990	300				

(4) 工作条件：两班工作制，工作载荷平稳，电压为 380/220V 三相交流电源，减速器寿命 5 年。

题目六：圆锥—斜齿圆柱齿轮减速器

(1) 设计任务：设计带式输送机传动系统。要求传动系统中含有带传动及圆锥—斜齿圆柱齿轮减速器。

(2) 传动系统参考方案，如图 8-6 所示。

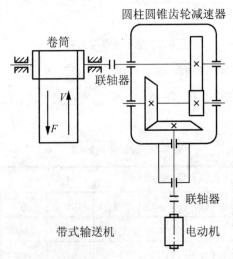

图 8-6　题目六参考方案

(3) 原始数据，如表 8-6 所示。其中：F(N)为输送带有效拉力；V(m/s)为输送带工作速度；D(mm)为输送带滚筒直径。

表 8-6 设计原始数据

原始数据(组号)	题 号							
	1	2	3	4	5	6	7	8
输送带曳引力 F(N)	2.1	2.1	2.3	2.3	2.4	2.4	2.4	2.5
输送带运行速度 V(m/s)	1.00	1.20	1.00	1.20	1.00	1.20	1.40	1.20
滚筒直径 D(mm)	320	380	320	380	320	380	440	380

原始数据(组号)	题 号							
	9	10	11	12	13	14	15	16
输送带曳引力 F(N)	2.5	2.6	2.6	2.8	2.8	3.0	3.0	2.0
输送带运行速度 V(m/s)	1.40	1.00	1.20	1.00	1.20	1.00	1.20	1.00
滚筒直径 D(mm)	440	320	380	320	380	320	380	320

原始数据(组号)	题 号							
	17	18	19	20	21	22	23	24
输送带曳引力 F(N)	2.0	2.3	2.3	2.4	2.4	2.4	2.5	2.5
输送带运行速度 V(m/s)	1.20	1.00	1.20	1.00	1.20	1.40	1.20	1.40
滚筒直径 D(mm)	380	360	400	360	400	400	360	400

原始数据(组号)	题 号							
	25	26	27	28	29	30	31	32
输送带曳引力 F(N)	2.6	2.6	2.8	2.8	3.0	3.0		
输送带运行速度 V(m/s)	1.00	1.20	1.00	1.20	1.00	1.20		
滚筒直径 D(mm)	360	400	360	400	360	400		

(4) 工作条件：工作有轻微振动，经常满载、空载启动、不反转、单班制工作，运输带允许的速度误差为 5%，小批量生产，使用期限 10 年。

8.2　课程设计工作量

1. 课程设计工作量

(1) 减速器装配草图一张 A1 图纸；

(2) 减速器正装图一张 A1 图纸；

(3) 零件工作图 2~4 张 A2 或 A3 图纸，通常为轴、齿轮和箱体零件工作图；

(4) 设计计算说明书一份 6000~8000 字。说明书应包括：确定传动装置总体方案，选定电动机，传动装置运动学动力学计算，传动零件计算，轴、轴承、键联接的校核计算，联轴器选择等内容。

2. 说明

(1) 在设计减速器时，应对所有有必要进行强度计算的零件、部件都进行计算，但课程设计安排的时间有限，有必要进行如下的简化：所有用到的键都进行选择，但只对一个键联接进行强度校核；所有用到的轴承都进行选择，但只对一根轴上的轴承进行寿命计算；所有的轴都按扭转强度条件进行计算，并进行结构设计，但只对一根轴按弯扭合成条件进行计算，还要对这根轴按疲劳强度进行精确校核。这里规定零件图画哪根轴就对哪根轴上的轴承、键进行计算。并按疲劳强度进行精确校核这根轴。设计蜗杆减速器的同学计算蜗轮轴及其蜗轮轴上的零、部件。

(2) 设计蜗杆减速器的同学的零件应最少画三张(蜗杆、蜗轮装配图、轮芯)。

(3) 尽量采用计算机画图和写设计计算说明书。

8.3 进度计划与时间安排

整个课程设计按表 8-7 进度计划与时间安排表来进行。

表 8-7　进度计划与时间安排表

阶段	工作内容		具体工作任务	所用天数
I	设计准备		1. 安排设计教室、借图板及尺子、购买图纸 2. 阅读和研究设计任务书，明确设计内容和要求；分析设计题目，了解原始数据和工作条件 3. 通过进行减速器拆装实验(以班为单位全体参加)、参观(模型、实物)、看视频动画及参阅设计资料等途径了解设计对象 4. 阅读教材有关内容，明确并拟订设计过程和进度计划	1
II	传动装置的方案设计		分析和拟订传动系统方案，绘制机械系统运动简图，对各方案的优劣进行简单的评价	2
	传动装置的总体设计		1. 选择电动机 2. 计算传动系统总传动比和分配各级传动比 3. 计算传动系统运动和动力参数	
III	减速器传动零件的设计		按教材相应章节确定传动零件如齿轮传动、蜗杆传动、带传动和链传动等的材料、主要参数和结构尺寸等	1
IV	减速器装配草图设计和绘制	减速器装配图设计和绘制准备	分析并选定减速器结构方案	4
		减速器传动轴及轴承装置的设计	1. 轴设计及校核 2. 选择滚动轴承进行轴组合设计 3. 选择键联接和联轴器	

续表

阶段	工作内容		具体工作任务	所用天数
Ⅳ	减速器装配草图设计和绘制	减速器箱体及附件的设计	1. 设计减速器箱体及附件 2. 绘制减速器装配草图	4
		减速器装配草图检查	审查和修正装配草图	
Ⅴ	减速器装配图的绘制		1. 绘制减速器装配图 2. 标注尺寸和配合 3. 编写减速器特性、技术要求、标题栏和明细表等	3
Ⅵ	减速器零件工作图的绘制		1. 绘制齿轮(或蜗轮)零件工作图 2. 绘制轴零件工作图 3. 绘制箱体零件工作图 零件图应标注尺寸公差、形位公差和表面粗糙度并编写技术要求等。用计算机出图的学生，在出图前经指导教师审核后再出图	2
Ⅶ	设计计算说明书的编写		编写设计计算说明书 内容全面、正确，论述清楚，一般不少于8000字	1
Ⅷ	课程设计总结和答辩		对整个设计内容、步骤进行回顾和总结。做好答辩准备。根据设计题目的要求检查是否完成全部设计内容，对整个设计过程进行总结	1

8.4　设计内容检查

在设计完成后，一定要对设计内容进行检查，下面这个表给出了应该检查的主要项目。希望同学们在规划、草图、零件图、装配图等的各个阶段能参考表8-8进行检查。一般各阶段的检查项目如下。

规划→规划、功能、机构、结构、与外部环境的配合、形状、强度、尺寸、质量、材料、加工方法、装配与拆卸、检查、搬运与安装、机械零件、电气要素、操作性、安全性、制图法。

草图→规划、功能、机构、结构。

零件图→形状、强度、尺寸、材料、加工方法、安全性、制图法。

装配图→功能、机构、结构、与外部环境的配合、尺寸、质量、装配与拆卸、检查、搬运与安装、操作性、安全性、制图法。

表8-8　机械设计课程设计设计结果检查表

检查项目	检查内容
规划	□ 是否真的有设计制造意义、目标是否切实可行 □ 技术规格(性能、大小、质量等)是否满足要求 □ 设计、制造费用及制造期限是否合适

机械设计课程设计指导

检查项目	检查内容
功能	□ 是否可实现目标设定的功能 □ 必要的功能是否都考虑到了 □ 是否考虑了机械所要求的动力源、信息源等装配问题
机构、结构	□ 机构和结构是否满足功能要求 □ 是否采用了最合适的机构 □ 是否采用了最简单的机构和结构
与外部环境的关系	□ 能否抵抗外部条件的影响 □ 是否对高温、低温、沙尘、腐蚀性、振动等作了考虑 □ 是否安装在能够利用的空间之内 □ 移动及动作时，与周围是否有干涉现象
形状	□ 形状是否满足功能要求 □ 是否采用了最简单的形状 □ 其形状是否具有加工的可能性 □ 其形状是否便于组装及拆卸 □ 零件的形状、孔形状、凹部形状是否合乎规范 □ 是否为适应操作的最佳形状
强度	□ 是否保证了静力学强度和疲劳强度 □ 弯曲变形是否没有问题 □ 结构尺寸是否与作用力大小成比例
尺寸	□ 尺寸有否遗漏 □ 是否有重复的尺寸 □ 其尺寸是否可行(要考虑到加工性) □ 对倒角及圆弧过渡是否作了指定 □ 是否检查了倒角、圆角处的配合零件的相应尺寸 □ 是否尽可能采用整数或优先数尺寸 □ 配合的指定是否合适(与相关零件的)、关联尺寸是否合适 □ 是否采用制图法对关联零部件的相互关系进行了检查(间隙、干涉、机罩的开闭、检查、加润滑油、调整等) □ 是否正确记入了用于固定、搬运时的尺寸 □ 是否记入了可动部分的行程(动作范围) □ 锐角、棱边、形状复杂、厚度变化大的零件，由于淬火等易产生局部应力集中及裂痕，为了防止出现这种现象是否对过渡圆弧的大小做了考虑 □ 是否标出了整体尺寸 □ 是否标出了安装尺寸 □ 是否正确地表示了占有空间的大小 □ 是否考虑了公差(尺寸的允许误差) □ 是否有不必要过严公差要求(包含配合公差) □ 对表面粗糙度是否作了指定 □ 表面粗糙度是否合适，是否有过严的现象 □ 是否考虑了形位公差(平行度、垂直度、圆柱度等) □ 所设公差是否合乎制造误差和组装误差要求 □ 是否考虑了加工基准面

续表

检查项目		检查内容
质量		☐ 质量是否满足基本性能要求 ☐ 零件的质量是否限制在适合搬运的 20kg 以下 ☐ 20kg 以上的零件是否配置了吊装结构
材料		☐ 机械性质(拉伸强度、刚度、硬度、密度)是否合适 ☐ 有否足够的耐腐蚀性，不够时，是否指定了表面处理 ☐ 对钢铁材料是否考虑了热处理问题 ☐ 是否考虑了尽可能从库存品中选择材料 ☐ 没有库存品的场合，所选择的材料是否能弄到手 ☐ 是否无意中指定了特殊的材料(高价、无库存、加工性差)
加工方法	钣金、焊接	☐ 是否可以弯曲 ☐ 能否焊接 ☐ 焊接指定有否遗漏 ☐ 焊缝处是否对联接螺母等有干涉现象 ☐ 是否考虑了焊接变形 ☐ 是否考虑了钣金公差 ☐ 是否考虑了防止应力集中的问题 ☐ 是否超出钢板的规格范围 ☐ 是否考虑了钢板厚度的统一性，以及使用扁钢及型钢
	切削加工	☐ 机械加工是否可能 ☐ 是否考虑了用什么样的机械加工的问题(用现有设备加工是否可能)(是否有未经验过的机械加工之处) ☐ 是否考虑了刀具的形状及尺寸 ☐ 是否考虑了在凹处设置圆弧的问题 ☐ 是否在凸处要设置倒角 ☐ 精加工符号是否合适，记入是否有遗漏 ☐ 精加工要求是否过于严格 ☐ 尺寸公差能否降低 ☐ 形位公差能否降低 ☐ 对滑动面、油密封及垫圈等部位是否采用了合适的表面粗糙度 ☐ 是否考虑了加工顺序 ☐ 加工是否可以从同一方向进行 ☐ 尺寸的标注方法从加工方法、加工顺序的角度看是否合适 ☐ 是否有加工余量 ☐ 是否考虑了加工基准面的问题
	热处理	☐ 材质是否合适 ☐ 对淬火的深度、硬度等是否做了指示 ☐ 是否指定了淬火的范围
	表面处理	☐ 是否有必要进行电镀或涂漆 ☐ 对电镀、涂漆部位的指定是否合适 ☐ 采取了那些防锈措施

续表

检查项目	检查内容
装配、拆卸	□ 是否能组装 □ 是否留有工具作业空间 □ 是否考虑工具动作范围 □ 拆卸是否可能(对静配合部分是否能拆装) □ 拆装时，必须要更换的部件是否做了考虑 □ 油密封、防尘密封、O 型圈等在组装与拆卸时，是否不至于损坏 □ 是否能从部件单位进行组装拆卸(对部件交换时的作业顺序、拆卸余量、拆卸空间是否做了考虑) □ 是否考虑了组装调整的问题 □ 是否妥善处理了由于加工、组装等造成的累计误差问题 □ 是否可按零件号码的顺序进行组装 □ 是否能减少维修保养的工具种类 □ 对维修作业上必要的仪器能否连接得上 □ 是否已用图示法对维修作业时的人体动作姿势进行了确认检查 □ 维修性是否良好
检查	□ 对指定的精度能否进行检查确认 □ 是否研究了使用什么样的检查器具的问题
搬运、安装	□ 是否考虑了放置场所 □ 是否考虑了怎样搬运的事 □ 是否考虑了门的宽窄、通路、吊车、天棚的高度以及可用手拿起的重量等问题 □ 是否考虑了拆卸输送的场合下，对所有零件的搬运问题 □ 是否检查了产品和零部件的包装以及放置形势的问题 □ 重心的位置是否合适 □ 是否考虑了现场安装 □ 地面是否足以承受载荷
机械零件	□ 使用的机械零件是否满足设计性能要求 □ 是否考虑了机械零件的通用性问题
电气要素	□ 电机的动力是否充分 □ 是否留有配线空间 □ 是否采取了对噪声、干扰等处理措施 □ 接地是否良好
操作性	□ 是否考虑了人的体格和作业空间及移动空间的问题 □ 是否考虑了最大操作力、最合适操作力的问题 □ 手柄等的操作方向与人的习惯是否和谐一致 □ 是否考虑了视角角度的问题
安全性	□ 是否考虑了棱角割手以及碰伤、掉落、引火、爆炸、开裂、火灾、人体卷入等问题 □ 带轮、传动带等可动部是否设置防护罩 □ 为了防止组装差错、调整差错、操作失误等问题是否设定了相应的防止措施 □ 是否设置了误操作、不良情况发生时，机械可自动停止于安全部位的自动保险装置

续表

检查项目	检查内容
制图法	□ 图安排的位置是否容易看清楚 □ 图的表示是否正确(尽可能按可视部位方向描绘) □ 线的粗细是否正确，粗细线是否可区别 □ 对实线、虚线、点画线、双点画线是否区别画出 □ 向视图的指示是否妥当 □ 剖视的位置和方向是否妥当 □ 剖视的表示方法是否妥当(尽量采用全剖视) □ 从对侧面可见的线是否忘了画上(特别是剖视图) □ 是否采用了制图法规定的文字、数字及大小 □ 尺寸比例是否采用了标准规定的比例(原则上采用实尺寸) □ 不易看清楚的部位是否画了详细的放大图 □ 标题栏、明细表是否符合标准 □ 零件名称是否贴切并已记入 □ 是否已记入零件号、图号 □ 是否已记入材质、热处理以及其他特殊事项和质量 □ 是否指定了一般加工误差

8.5　设计成绩评定

1. 评分依据

(1) 学习态度：遵守纪律情况，能否按设计进度完成各阶段的设计任务；是否能认真阅读设计资料和分析思考问题情况。

(2) 独立的工作能力：能否利用设计资料，在指导老师指导下独立完成设计任务。

(3) 图面质量：结构设计是否合理、尺寸标注、视图表达是否清楚、完善、美观整洁，图面有无重大错误。

(4) 设计说明书质量：说明内容是否完整、规范、论述是否清楚，计算是否正确，文字是否通顺，说明书中是否有必要的简图等。

(5) 答辩：论述问题时条理是否清晰，语言简洁，回答问题时是否准确。

2. 评分制和成绩组成

评分制：采用优、良、中、及格和不及格五级记分。

成绩组成：平时学习态度和装配图质量占50%；

　　　　　设计计算说明书质量占20%；

　　　　　零件工作图质量占10%；

　　　　　答辩时回答问题能力占20%。

成绩评定：总成绩≥90分为优；80～89分为良好；70～79分为中等；60～69分为及格；59分以下为不及格。

第9章 常用数据及一般标准与规范

9.1 机械制图一般规定

国家标准是对图样有关的画法、尺寸和技术要求的标注等做的同一规定；国家标准简称国标，代号为"GB"，斜线后的字母为标准类型，分强制标准和推荐标准，其中"T"为推荐标准，其后的数字标准顺序号和发布的年代号。

9.1.1 图纸的幅面和格式(GB/T 14689—2008)

1. 图纸幅面

图纸幅面是指图纸的宽度和长度组成的图面，绘制图样时，应采用国标规定的图纸基本幅面尺寸，其基本幅面代号有 A0，A1，A2，A3，A4 五种，具体尺寸如表 9-1 所示。

表 9-1 图纸幅面及图框格式尺寸

幅 面 代 号	幅面尺寸 $B×L$	周边尺寸		
		a	c	e
A0	841×1189	25	10	20
A1	594×841	25	10	20
A2	420×594	25	10	20
A3	297×420	25	5	10
A4	210×297	25	5	10

2. 图框格式

图纸上限定绘图区域的线框称为图框，图框在图纸上必须用粗实线画出，图样绘制在图框内部，其格式分为不留装订边和留装订边两种，如图 9-1 所示。

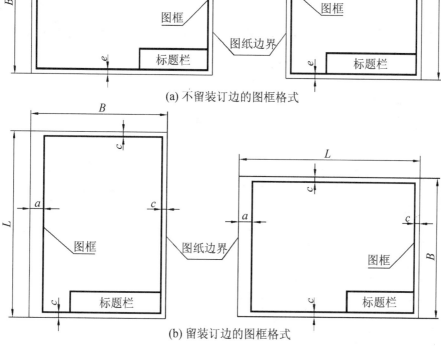

(a) 不留装订边的图框格式

(b) 留装订边的图框格式

图 9-1　图框格式及标题栏方位

9.1.2　比例(GB/T 14690—1993)

比例是图中图形与其实物相应要素的线性尺寸之比。绘制图样时，应根据需要按规定的比例中选取适当的比例，一般尽量采用 1:1 比例绘图，但是不管采用何种比例，标注尺寸都按照机件的实际尺寸大小标注。国标规定的比例如表 9-2、表 9-3 所示。

表 9-2　标准比例系列

种　类	比　例					
原值比例	1:1					
放大比例	5:1	2:1	$5\times10^n:1$	$2\times10^n:1$	$1\times10^n:1$	
缩小比例	1:2	1:5	1:10	$1:2\times10^n$	$1:5\times10^n$	$1:1\times10^n$

注：n 为正整数。

表9-3　允许选取比例系列

种　类	比　　例				
放大比例	4：1	2.5：1	4×10^n：1	2.5×10^n：1	
缩小比例	1：1.5	1：2.5	1：3	1：4	1：6
	$1：1.5\times10^n$	$1：2.5\times10^n$	$1：3\times10^n$	$1：4\times10^n$	$1：6\times10^n$

注：n 为正整数。

9.1.3　图线(GB/T 4457.4—2002、GB/T 17450—1998)

1. 图线形式

绘制机械图样使用 9 种基本图线，如表 9-4 所示，即粗实线、细实线、细虚线、细点画线、细双点画线、波浪线、双折线、粗虚线、粗点画线。

表9-4　图线

名　称	线　型	线　宽	主要用途及线素长度	
细实线	———————	$0.5d$	尺寸线、尺寸界线、剖面线、指引线和基准线、重合断面的轮廓线等	
粗实线	———————	d	可见轮廓线、可见棱边线等	
细虚线	— — — — — —	$0.5d$	不可见轮廓线、不可见棱边线等	画长 $12d$ 间隔长 $3d$
粗虚线	▬ ▬ ▬ ▬ ▬	d	允许表面处理的表示线	
细点画线	—— · —— · ——	$0.5d$	轴线、对称中心线等	长画长 $24d$ 间隔长 $3d$ 点长 $0.5d$
粗点画线	▬▬ ▪ ▬▬ ▪ ▬▬	d	限定范围表示线	
细双点画线	—— ·· —— ·· ——	$0.5d$	相邻辅助零件的轮廓线、轨迹线、中断线等	
波浪线	～～～	$0.5d$	断裂处边界线、视图与剖视图的分界线。在一张图样上一般采用一种线型，即采用波浪线或双折线	
双折线	～／＼～	$0.5d$		

图线的宽度应根据图样的类型、尺寸、比例和缩微复制的要求，在宽度的数系中选择，数系的公比为 $1：\sqrt{2}$，数系为 0.13mm、0.18mm、0.25mm、0.35mm、0.5mm、0.7mm、1mm、1.4mm、2mm，在同一图样中，同类图线的宽度应一致。机械图样中采用粗、细两种线宽，其比例关系为 2：1，粗线线宽为 d，优先采用 $d=$0.5mm 或 0.7mm，尽量避免出现线宽小于 0.18mm 的图线。

2. 图线的画法

(1) 细虚线、细点画线、细双点画线与任何图线相交时，应交于画或者长画处。

(2) 细虚线直接在实线延长线上相接时，细虚线应留有间隙。

(3) 细虚线圆弧与实线相切时，细虚线圆弧应留有间隙。

(4) 画圆中心线时，圆心应是长画的交点，细点画线两端应超出轮廓 2～5mm；当细点画线、细双点画线较短时(例如<8mm)，允许用细实线代替。

(5) 两条平行线之间的最小间隙一般不小于 0.7mm。

9.1.4　标题栏及明细表格式

标题栏是由名称及代号、签字区、更改区和其他区组成的栏目，标题栏位于图纸的右下角，其格式和尺寸由 GB/T 10609.1—2008 技术制图标准规定，该标准提供的标题栏格式如图 9-2 所示。

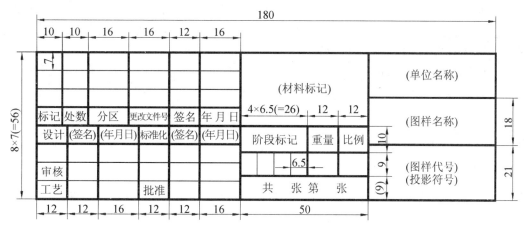

图 9-2　标题栏

9.2　一　般　标　准

9.2.1　标准尺寸

标准尺寸如表 9-5 所示。

表 9-5　标准尺寸(直径、长度和高度)(摘自 GB/T 2822—2005)　　　　单位：mm

R10	R20	R10	R20	R10	R20	R40	R10	R20	R40	R10	R20	R40
1.25	1.25	4.00	4.00	12.5	12.5	12.5		22.4	22.4	40.0	40.0	40.0
	1.40		4.50			13.2			23.6			42.5
1.60	1.60	5.00	5.00		14.0	14.0	25.0	25.0	25.0		45.0	45.0
	1.80		5.60			15.0			26.5			47.5
2.00	2.00	6.30	6.30	16.0	16.0	16.0		28.0	28.0	50.0	50.0	50.0
	2.24		7.10			17.0			30.0			53.0
2.50	2.50	8.00	8.00		18.0	18.0	31.5	31.5	31.5		56.0	56.0
	2.80		9.00			19.0	400		33.5			60.0
3.15	3.15	10.0	10.0	20	20.0	20.0		35.5	35.5	63.0	63.0	63.0
	3.55	125	11.2		224	21.2		400	37.5		710	67.0
	71.0		125			224			400			710
80.0				250	250	236	500	450	425	800	800	750
	80.0		140			250			450			800

续表

R10	R20	R10	R20	R10	R20	R40	R10	R20	R40	R10	R20	R40
		160			280	265		500	475		900	850
100	90.0		160			280			500			900
				315	315	300	630	560	530	1000	1000	950
	100		180			315			560			1000
		200			355	335		630	600		1120	1060
	112		200			355			630			1120
						375			670			1180

注：1. 选用标准尺寸的顺序为：R10、R20、R40。

2. 本标准适用于机械制造业中有互换性或系列化要求的主要尺寸，其他结构尺寸也应尽量采用。

3. 对已有专用标准(如滚动轴承、联轴器等)规定的尺寸，按专用标准选用。

9.2.2　标准公差值

常用标准公差值见表 9-6。

表 9-6　常用标准公差值(基本尺寸大于 10～500mm)(摘自 GB/T 1800.3—1998)

基本尺寸(mm)	公差等级							
	IT5	IT6	IT7	IT8	IT9	IT10	IT11	IT12
>10～18	8	11	18	27	43	70	110	180
>18～30	9	13	21	33	52	84	130	210
>30～50	11	16	25	39	62	100	160	250
>50～80	13	19	30	46	74	120	190	300
>80～120	15	22	35	54	87	140	220	350
>120～180	18	25	40	63	100	160	250	400
>180～250	20	29	46	72	115	185	290	460
>250～315	23	32	52	81	130	210	320	520
>315～400	25	36	57	89	140	230	360	570
>400～500	27	40	63	97	155	250	400	630

9.2.3　轴的各种基本偏差的应用

轴的各种基本偏差的应用见表 9-7。

表 9-7　轴的各种基本偏差的应用

配合种类	基本偏差	配合特性及应用
间隙配合	a，b	可得到特大的间隙，应用很少
	c	可得到很多间隙，一般适用于缓慢、松弛的动配合。用于工作条件较差(如农业机械)、受力变形，或为了便于装配，而必须保证有较大的间隙时。推荐配合为 H11/c11，其较高级的配合，如 H8/c7 适用于轴在高温工作的紧密间隙配合，例如内燃机排气阀和导管

续表

配合种类	基本偏差	配合特性及应用
间隙配合	d	一般用于 IT7～IT11 级，适用于松的转动配合，如密封盖、滑轮、空转带轮等与轴的配合，也适用于大直径滑动轴承配合，如透平机、球磨机、轧辊成型和重型弯曲机及其他重型机械中的一些滑动支承
	e	多用于 IT7～IT9 级，通常使用于要求有明显间隙，易于转动的支承配合，如大跨距、多支点支承等。高等级的 e 轴使用与大型、高速、重载支承配合，如涡轮发电机、大型电动机、内燃机、凸轮轴及摇臂支承等
	f	多用于 IT4～IT8 级的一般转动配合。当温度影响不大时，被广泛用于普通润滑油(或润滑脂)润滑的支承，如齿轮箱、小电动机、泵等的转轴与滑动支承的配合
	g	配合间隙很小，制造成本高，除很轻负荷的精密装置外，不推荐用于转动配合。多用于 IT5～IT7 级，最适合不回转的精密滑动配合，也用于插销等定位配合，如精密连杆轴承、活塞、滑阀及连杆销等
	h	多用于 IT4～IT11 级。广泛用于无相对转动的零件，作为一般的定位配合。若没有温度、变形影响，也用于精密滑动配合
过渡配合	js	为完全对称偏差(±IT/2)，平均为稍有间隙的配合，多用于 IT4～IT7 级，要求间隙比 h 轴小，并允许略有过盈的定位配合，如联轴器，可用手或木锤装配
	k	平均为没有间隙的配合，适用于 IT4～IT7 级。推荐用于稍有过盈的定位配合，如为消除振动用的定位配合。一般用木锤装配
	m	平均为具有小过盈的过渡配合，适用于 IT4～IT7 级，一般用木锤装配，但在最大过盈时，要求相当的压入力
	n	平均过盈比 m 轴稍大，很少得到间隙，适用 IT4～IT7 级，用锤或压力机装配，通常推荐用于紧密的组件配合。H6/n5 配合为过盈配合
过盈配合	p	与 H6 孔或 H7 孔配合时是过盈配合，与 H8 孔配合时则为过渡配合。对非铁类零件，为较轻的压入配合，易于拆卸。对钢、铸铁或铜、钢组件装配是标准压入配合
	r	对铁类零件为中等打入配合；对非铁类零件为轻打入的配合，可拆卸。与 H8 孔配合，直径在 100mm 以上时为过盈配合，直径小时为过渡配合
	s	用于钢和铁制零件的永久性和半永久性装配，可产生相当大的结合力。当用弹性材料，如轻金属时，配合性质与铁类零件的 p 轴相当，例如用于套环压装在轴上、阀座与机体等配合。尺寸较大时，为避免损伤配合表面，需用热胀或冷缩法装配
	t, u, v, x, y, z	过盈量依次增大，一般不推荐采用

9.2.4　优先配合及应用举例

优先配合及应用举例见表 9-8。

表 9-8　优先配合及应用举例

基孔制	基轴制	优先配合特性及应用举例
$\dfrac{\text{H11}}{\text{c11}}$	$\dfrac{\text{C11}}{\text{h11}}$	间隙非常大，用于很松的、转动很慢的间隙配合，或要求大公差与大间隙的外露组件，或要求装配方便的很松的配合

机械设计课程设计指导

基孔制	基轴制	优先配合特性及应用举例
$\dfrac{H9}{d9}$	$\dfrac{D9}{h9}$	间隙很大的自由转动配合，用于精度非主要要求时，或有大的温度变动、高转速或大的轴颈压力时
$\dfrac{D9}{h9}$	$\dfrac{F8}{h7}$	间隙不大的转动配合，用于中等转速与中等轴颈压力的精确转动，也用于装配较易的中等定位配合
$\dfrac{H7}{h6}$	$\dfrac{G7}{h6}$	间隙很小的滑动配合，用于不希望自由转动，但可自由移动和滑动并精密定位时，也可用于要求明确的定位配合
$\dfrac{H7}{h6}$ $\dfrac{H8}{h7}$ $\dfrac{H9}{h9}$ $\dfrac{H11}{h11}$	$\dfrac{H7}{h6}$ $\dfrac{H8}{h7}$ $\dfrac{H9}{h9}$ $\dfrac{H11}{h11}$	均为间隙定位配合，零件可自由装拆，而工作时一般相对静止不动。在最大实体条件下的间隙为零，在最小实体条件下的间隙由公差等级决定
$\dfrac{H7}{k6}$	$\dfrac{K7}{h6}$	过渡配合，用于精密定位
$\dfrac{H7}{n6}$	$\dfrac{N7}{h6}$	过渡配合，允许有较大过盈的更精密定位
$\dfrac{H7}{p6}$	$\dfrac{P7}{h6}$	过盈定位配合，即小过盈配合，用于定位精度特别重要时，能以最好的定位精度达到部件的刚性及对中性要求，而对内孔承受压力无特殊要求，不依靠配合的紧密固性传递摩擦负荷
$\dfrac{H7}{s6}$	$\dfrac{S7}{h6}$	中等压力配合，适用于一般钢件，或用于薄壁件的冷缩配合，用于铸铁件可得到最紧的配合
$\dfrac{H7}{u6}$	$\dfrac{U7}{h6}$	压入配合，使用于可以承受大压力的零件或不宜承受大压力的冷缩配合

9.2.5　优先配合中孔的极限偏差

优先配合中孔的极限偏差见表 9-9。

表 9-9　优先配合中孔的极限偏差(基本尺寸大于 10～315mm)　　　　单位：μm

基本尺寸		公差带											
大于	至	C	D	F	G	H				K	N	P	S	U
		11	9	8	7	7	8	9	11	7	7	7	7	7
10	14	+205	+93	+43	+24	+18	+27	+43	+110	+6	−5	−11	−21	−26
14	18	+95	+50	+16	+6	0	0	0	0	−12	−23	−29	−39	−44
18	24													−33
		+240	+117	+53	+28	+21	+33	+52	+130	+6	−7	−14	−27	−54
24	30	+110	+65	+20	+7	0	0	0	0	−15	−28	−35	−48	−40
														−61
30	40	+280												−51
		+120	+142	+64	+34	+25	+39	+62	+160	+7	−8	−17	−34	−76
			+80	+25	+9	0	0	0	0	−18	−33	−42	−59	
40	50	+290												−61
		+130												−86

续表

基本尺寸 大于	至	C	D	F	G	H	H	H	H	K	N	P	S	U
50	65	+330/+140	+174/+100	+76/+30	+40/+10	+30/0	+46/0	+74/0	+190/0	+9/−21	−9/−39	−21/−51	−42/−72	−76/−106
65	80	+340/+150	+174/+100	+76/+30	+40/+10	+30/0	+46/0	+74/0	+190/0	+9/−21	−9/−39	−21/−51	−48/−78	−91/−121
80	100	+390/+170	+207/+120	+90/+36	+47/+12	+35/0	+54/0	+87/0	+220/0	+10/−25	−10/−45	−24/−59	−58/−93	−111/−146
100	120	+400/+180	+207/+120	+90/+36	+47/+12	+35/0	+54/0	+87/0	+220/0	+10/−25	−10/−45	−24/−59	−66/−101	−131/−166
120	140	+450/+200	+245/+145	+106/+43	+54/+14	+40/0	+63/0	+100/0	+250/0	+12/−28	−12/−52	−28/−68	−77/−117	−155/−195
140	160	+460/+210	+245/+145	+106/+43	+54/+14	+40/0	+63/0	+100/0	+250/0	+12/−28	−12/−52	−28/−68	−85/−125	−175/−215
160	180	+480/+230	+245/+145	+106/+43	+54/+14	+40/0	+63/0	+100/0	+250/0	+12/−28	−12/−52	−28/−68	−93/−133	−195/−235
180	200	+530/+240	+285/+170	+122/+50	+61/+15	+46/0	+72/0	+115/0	+290/0	+13/−33	−14/−60	−33/−79	−105/−151	−219/−265
200	225	+550/+260	+285/+170	+122/+50	+61/+15	+46/0	+72/0	+115/0	+290/0	+13/−33	−14/−60	−33/−79	−113/−159	−241/−287
225	250	+570/+280	+285/+170	+122/+50	+61/+15	+46/0	+72/0	+115/0	+290/0	+13/−33	−14/−60	−33/−79	−123/−169	−267/−313
250	280	+620/+300	+320/+190	+137/+56	+69/+17	+52/0	+81/0	+130/0	+320/0	+16/−36	−14/−66	−36/−88	−138/−190	−295/−347
280	315	+650/+330	+320/+190	+137/+56	+69/+17	+52/0	+81/0	+130/0	+320/0	+16/−36	−14/−66	−36/−88	−150/−202	−330/−382

9.2.6　优先配合中轴的极限偏差

优先配合中轴的极限偏差见表 9-10。

表 9-10　优先配合中轴的极限偏差(基本尺寸大于 10～315mm)　　　　单位：μm

基本尺寸 大于	至	a 11	d 9	f 8	g 7	h 7	h 8	h 9	h 11	k 7	n 7	p 7	s 7	u 7
10	14	−95	−50	−16	−6	0	0	0	0	+12	+23	+29	+39	+44
14	18	−205	−93	−34	−17	−11	−18	−43	−110	+1	+12	+18	+28	+33
18	24	−110	−65	−20	−7	0	0	0	0	+15	+28	+35	+48	+54 / +41
24	30	−240	−117	−41	−20	−13	−21	−52	−130	+2	+15	+22	+35	+61 / +48

基本尺寸		公差带					h			k	n	p	s	u
		a	d	f	g					k	n	p	s	u
30	40	−120 −280												+76 +60
40	50	−130 −290	−80 −142	−25 −50	−9 −25	0 −16	0 −25	0 −62	0 −160	+18 +2	+33 +17	+42 +26	+59 +43	+86 +70
50	65	−140 −330											+72 +53	+106 +87
65	80	−150 −340	−100 −174	−30 −60	−10 −29	0 −19	0 −30	0 −74	0 −190	+21 +2	+39 +20	+51 +32	+78 +59	+121 +102
80	100	−170 −390											+93 +71	+146 +124
100	120	−180 −400	−120 −207	−36 −71	−12 −34	0 −22	0 −35	0 −87	0 −220	+25 +3	+45 +23	+59 +37	+101 +79	+166 +144
120	140	−200 −450											+117 +92	+195 +170
140	160	−210 −460	−145 −245	−43 −83	−14 −39	0 −25	0 −40	0 −100	0 −250	+28 +3	+52 +27	+68 +43	+125 +100	+215 +190
160	180	−230 −480											+133 +108	+235 +210
180	200	−240 −530											+151 +122	+265 +236
200	225	−260 −550	−170 −285	−50 −96	−15 −44	0 −29	0 −46	0 −115	0 −290	+33 +4	+60 +31	+79 +50	+159 +130	+287 +258
225	250	−280 −570											+169 +140	+313 +284
250	280	−300 −620											+190 +158	+347 +315
280	315	−330 −650	−190 −320	−56 −108	−17 −49	0 −32	0 −52	0 −130	0 −320	+36 +4	+66 +34	+88 +56	+202 +170	+382 +350

9.2.7 平行度、垂直度、倾斜度公差

平行度、垂直度、倾斜度公差见表 9-11。

表 9-11 平行度、垂直度、倾斜度公差(摘自 GB/T 1184—1996)　　　　单位：μm

主参数 *L*，*d*，(*D*)图例

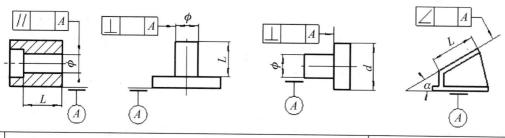

公差等级	主参数 *L*,*d*,(*D*)(mm)											应用举例	
	≤10	>10 ~16	>16 ~25	>25 40	>40 ~63	>63 ~100	>100 ~160	>160 ~250	>250 400	>400 ~600	>630 ~1000	平行度	垂直度和倾斜度
5	5	6	8	10	12	15	20	25	30	40	50	用于重要轴承孔对基准面的要求，一般减速器箱体孔中心线等	用于安装/P4、/P5 级轴承的箱体的凸肩，发动机轴和离合器的凸缘
6	8	10	12	15	20	25	30	40	50	60	80	用于一般机械中箱体孔中心线见的要求，如减速器箱体的轴孔、7~10级精度齿轮传动箱体孔的中心线	用于安装/P6、/P0 级轴承的箱体孔的中心线，低精度机床主要基准面和工作面
7	12	15	20	25	30	40	50	60	80	100	120		
8	20	25	30	40	50	60	80	100	120	50	200	用于重型机械轴承盖的端面，手动传动装置中传动轴	用于一般导轨，普通传动箱体中的轴肩
9	30	40	50	60	80	100	120	150	200	250	300	用于低精度零件、重型机械滚动轴承端盖零件的非工作面，卷扬机、运输机上用的减速器壳体平面	用于花键轴肩端面、减速器箱体平面等
10	50	60	80	100	120	150	200	250	300	400	500		
11	80	100	20	150	200	250	300	00	500	600	800		农业机械齿轮端面
12	120	150	200	250	300	400	500	600	800	1000	1200		

9.2.8　直线度、平面度公差

直线度、平面度公差见表 9-12。

表 9-12　直线度、平面度公差　　　　　　　　　　　　　　　　单位：μm

主参数 L 图例

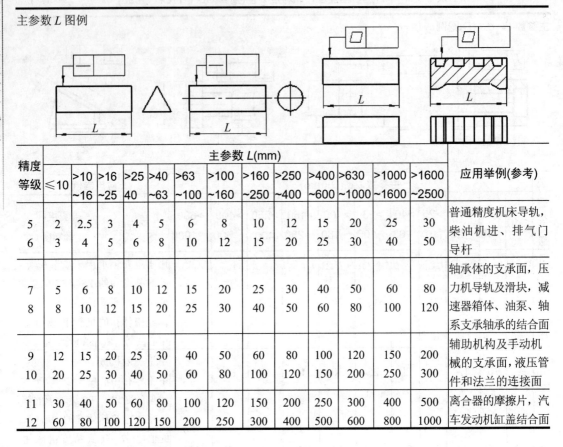

精度等级	主参数 L(mm)													应用举例(参考)
	≤10	>10 ~16	>16 ~25	>25 ~40	>40 ~63	>63 ~100	>100 ~160	>160 ~250	>250 ~400	>400 ~600	>630 ~1000	>1000 ~1600	>1600 ~2500	
5	2	2.5	3	4	5	6	8	10	12	15	20	25	30	普通精度机床导轨，柴油机进、排气门导杆
6	3	4	5	6	8	10	12	15	20	25	30	40	50	
7	5	6	8	10	12	15	20	25	30	40	50	60	80	轴承体的支承面，压力机导轨及滑块，减速器箱体、油泵、轴系支承轴承的结合面
8	8	10	12	15	20	25	30	40	50	60	80	100	120	
9	12	15	20	25	30	40	50	60	80	100	120	150	200	辅助机构及手动机械的支承面，液压管件和法兰的连接面
10	20	25	30	40	50	60	80	100	120	150	200	250	300	
11	30	40	50	60	80	100	120	150	200	250	300	400	500	离合器的摩擦片，汽车发动机缸盖结合面
12	60	80	100	120	150	200	250	300	400	500	600	800	1000	

9.2.9　圆度、圆柱度公差

圆度、圆柱度公差见表 9-13。

表 9-13　圆度、圆柱度公差　　　　　　　　　　　　　　　　单位：μm

主参数 $d,(D)$ 图例

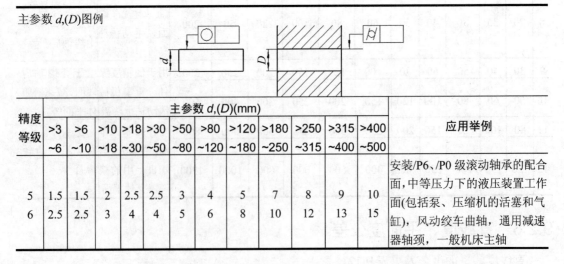

精度等级	主参数 $d,(D)$(mm)												应用举例
	>3 ~6	>6 ~10	>10 ~18	>18 ~30	>30 ~50	>50 ~80	>80 ~120	>120 ~180	>180 ~250	>250 ~315	>315 ~400	>400 ~500	
5	1.5	1.5	2	2.5	2.5	3	4	5	7	8	9	10	安装/P6、/P0 级滚动轴承的配合面，中等压力下的液压装置工作面(包括泵、压缩机的活塞和气缸)，风动绞车曲轴，通用减速器轴颈，一般机床主轴
6	2.5	2.5	3	4	4	5	6	8	10	12	13	15	

续表

精度等级	主参数 $d,(D)$(mm)												应用举例
	>3~6	>6~10	>10~18	>18~30	>30~50	>50~80	>80~120	>120~180	>180~250	>250~315	>315~400	>400~500	
7 8	4 5	4 6	5 8	6 9	7 11	8 13	10 15	12 18	14 20	16 23	18 25	20 27	发动机的涨圈和活塞销及连杆中装衬套的孔等。千斤顶或压力油缸活塞，水泵及减速器轴颈，液压传动系统的分配机构,拖拉机器缸体，炼胶机冷铸轧辊
9 10 11	8 12 18	9 15 22	11 18 27	13 21 33	16 25 39	19 30 46	22 35 54	25 40 63	29 46 72	32 52 81	36 57 89	40 63 97	起重机、卷扬机用的滑动轴承,带软密封的低压泵的活塞和气缸通用机械杠杆与拉杆,拖拉机的活塞环与套筒孔
12	30	36	43	52	62	74	87	100	115	130	140	155	

9.2.10　同轴度、对称度、圆跳动和全跳动公差

同轴度、对称度、圆跳动和全跳动公差见表 9-14。

表 9-14　同轴度、对称度、圆跳动和全跳动公差　　　　单位：μm

主参数 $d,(D),B,L$ 图例

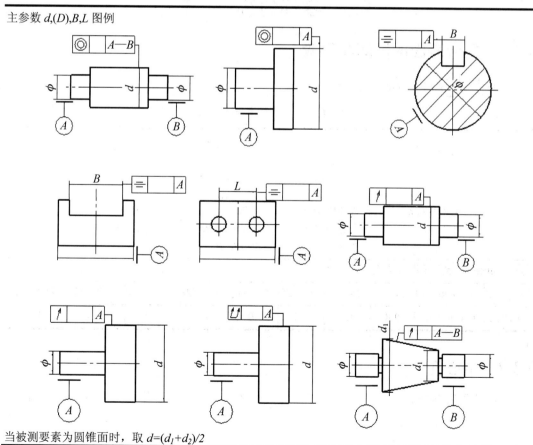

当被测要素为圆锥面时，取 $d=(d_1+d_2)/2$

续表

精度等级	主参数 $d, (D)$, L, B(mm)											应用举例(参考)
	>3~6	>6~10	>10~18	>18~30	>30~50	>50~120	>120~250	>250~500	>500~800	>800~1250	>1250~2000	
5	3	4	5	6	8	10	12	15	20	25	30	6和7级精度齿轮轴的配合面，较高精度的快速轴，汽车发动机曲轴和分配轴的支承轴颈，角高精度机床的轴套
6	5	6	8	10	12	15	20	25	30	40	50	
7	8	10	12	15	20	25	30	40	50	60	80	8和9级精度齿轮轴的配合面，拖拉机发动机分配轴轴颈，普通精度高速轴(1000r/min 以下)，长度在 1m 以下的主传动轴，起重运输机的鼓轮配合孔和导轮的滚动面
8	12	15	20	25	30	40	50	60	80	100	120	
9	25	30	40	50	60	80	100	120	150	200	250	10和11级精度齿轮轴的配合面，发动机气缸套配合面，水泵叶轮离心泵泵件，摩托车活塞，自行车中轴
10	50	60	80	100	120	150	200	250	300	400	500	
11	80	100	120	150	200	250	300	400	500	600	800	用于无特殊要求，一般按尺寸按公差等级 IT12 制造零件
12	150	200	250	300	400	500	600	800	1000	1200	1500	

9.3 零件的结构要素

9.3.1 配合表面的倒圆和倒角

配合表面的倒圆和倒角见表 9-15。

表 9-15 配合表面的倒圆和倒角(摘自 GB 6403.4—1986)　　　　单位：mm

内角倒圆 R
外角倒角 C_1
$C_1 > R$

内角倒圆 R
外角倒圆 R_1
$R_1 > R$

内角倒角 C
外角倒圆 R_1
$C > 0.58 R_1$

内角倒角 C
外角倒角 C_1
$C_1 > C$

与直径 Φ 相应的倒角倒圆推荐值											
φ	~3	>3~6	>6~10	>10~18	>18~30	>30~50	>50~80	>80~120	>120~180	>180~250	>250~320
C 或 R	0.2	0.4	0.6	0.8	1.0	1.6	2.0	2.5	3.0	4.0	5.0

9.3.2 中心孔

中心孔见表 9-16。

表 9-16　中心孔(摘自 GB/T 4459.5—1999)　　　　　　　　　　单位：mm

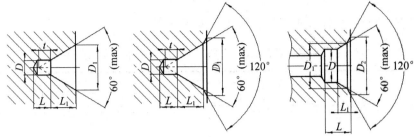

标注示例：直径 D=4mm 的 A 型中孔：中心孔 A4/8.5　　GB/T 4459.5—1999
A 型不带护锥中心孔　B 型带护锥中心孔　C 型带螺纹中心孔　注括号内尺寸尽量不用

D	D_1		L_1 (参考)		t (参考)	D	D_1	D_2	L	L_1 (参考)	选择中心孔的参考数据		
A、B 型	A 型	B 型	A 型	B 型	A、B 型	C 型					轴状原料最大直径 D_0	原料端部最小直径 D_0	零件最大重量 (kg)
2.0	4.25	6.30	1.95	2.54	1.80						>10～18	8	120
2.5	5.30	8.00	2.42	3.20	2.20						>18～30	10	200
3.15	6.70	10.00	3.07	4.03	2.80	M3	3.20	5.80	2.60	1.80	>30～50	12	500
4.00	8.50	12.50	3.90	5.05	3.50	M4	4.30	7.40	3.20	2.10	>50～80	15	800
(5.00)	10.60	16.00	4.85	6.41	4.40	M5	5.30	8.80	4.00	2.40	>80～120	20	1000
6.30	13.20	18.00	5.98	7.36	5.50	M6	6.40	10.50	5.00	2.80	>120～180	25	1500
(8.00)	17.00	22.40	7.79	9.36	7.00	M8	8.40	13.20	6.00	3.30	>180～220	30	2000
10.00	21.20	28.00	9.70	11.66	8.70	M10	10.50	16.30	7.50	3.80	>220～260	35	250

9.3.3　回转面和端面砂轮越程槽

回转面和端面砂轮越程槽见表 9-17。

表 9-17　回转面和端面砂轮越程槽(摘自 GB 4603.5—2008)　　　　单位：mm

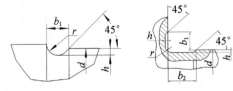

(a) 磨外圆　　　　　　　(b) 磨外圆及端面　　　　　　(c) 磨内圆及端面

b_1	0.6	1.0	1.6	2.0	3.0	4.0	5.0	8.0
b_2	2.0	30.		4.0		5.0		8.0	10.0
h	0.1	0.2		0.3	0.4		0.6	0.8	1.2
r	0.2	0.5		0.8	1.0		1.6	2.0	3.0
d	～10			>10～50		>50～100		>100	

9.3.4 普通外螺纹收尾、肩距、退刀槽、倒角

普通外螺纹收尾、肩距、退刀槽、倒角见表9-18。

表9-18 普通外螺纹收尾、肩距、退刀槽、倒角(GB/T 3—1997)　　　单位：mm

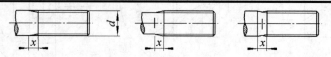

(a) 收尾

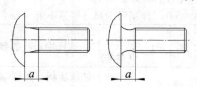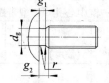

(b) 肩距　　　　外螺纹的收尾和肩距　　　外螺纹退刀槽　C≥螺纹牙型高度外螺纹倒角

螺距 P	收尾 x_{max}		肩距 a_{max}			退刀槽			
	一般	短的	一般	长的	短的	g_{1min}	g_{2max}	d_g	$r\approx$
0.2	0.5	0.25	0.6	0.8	0.4				
0.25	0.6	0.3	0.75	1	0.5	0.4	0.75	d-0.4	0.12
0.3	0.75	0.4	0.9	1.2	0.6	0.5	0.9	d-0.5	0.16
0.35	0.9	0.45	1.05	1.4	0.7	0.6	1.05	d-0.6	0.16
0.4	1	0.5	1.2	1.6	0.8	0.6	1.2	d-0.7	0.2
0.45	1.1	0.6	1.35	1.8	0.9	0.7	1.35	d-0.7	0.2
0.5	1.25	0.7	1.5	2	1	0.8	1.5	d-0.8	0.2
0.6	1.5	0.75	1.8	2.4	1.2	0.9	1.8	d-1	0.4
0.7	1.75	0.9	2.1	2.8	1.4	1.1	2.1	d-1.1	0.4
0.75	1.9	1	2.25	3	1.5	1.2	2.25	d-1.2	0.4
0.8	2	1	2.4	3.2	1.6	1.3	2.4	d-1.3	0.4
1	2.5	1.25	3	4	2	1.6	3	d-1.6	0.6
1.25	3.2	1.6	4	5	2.5	2	3.75	d-2	0.6
1.5	3.8	1.9	4.5	6	3	2.5	4.5	d-2.3	0.8
1.75	4.3	2.2	5.3	7	3.5	3	5.25	d-2.6	1
2	5	2.5	6	8	4	3.4	6	d-3	1
2.5	6.3	3.2	7.5	10	5	4.4	7.5	d-3.6	1.2
3	7.5	3.8	9	12	6	5.2	9	d-4.4	1.6
3.5	9	4.5	10.5	14	7	6.2	10.5	d-5	1.6
4	10	5	12	16	8	7	12	d-5.7	2
4.5	11	5.5	13.5	18	9	8	13.5	d-6.4	2.5
5	12.5	6.3	15	20	10	9	15	d-7	2.5
5.5	14	7	16.5	22	11	11	17.5	d-7.7	3.2
6	15	7.5	18	24	12	11	18	d-8.3	3.2
参考值	≈2.5P	≈1.25P	≈3P	=4P	=2P	—	≈3P	—	—

说明：1. 应优先选用"一般"长度的收尾和肩距；"短"收尾和"短"肩距仅用于结构受限制的螺纹件上；产品等级为 B 或 C 级的螺纹紧固件可采用"长"肩距。

2. d、g 为螺纹公称直径代号。

3. d、g 公差为：h13(d>3mm)、h12(d≤3mm)。

9.3.5　普通内螺纹的收尾、肩距和退刀槽

普通内螺纹的收尾、肩距和退刀槽见表 9-19。

表 9-19　普通内螺纹的收尾、肩距和退刀槽　　　　　单位：mm

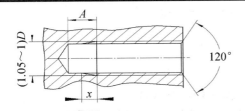

内螺纹收尾和肩距

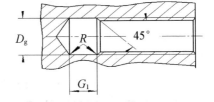

内螺纹退刀槽

螺距 P	收尾 X_{max}		肩距 A		退刀槽			
					G1		Dg	R≈
	一般	短的	一般	长的	一般	短的		
0.25	1	0.5	1.5	2				
0.3	1.2	0.6	1.8	2.4				
0.35	1.4	0.7	2.2	2.8			D+0.3	
0.4	1.6	0.8	2.5	3.2				
0.45	1.8	0.9	2.8	3.6				
0.5	2	1	3	4	2	1		0.2
0.6	2.4	1.2	3.2	4.8	2.4	1.2		0.3
0.7	2.8	1.4	3.5	5.6	2.8	1.4	D+0.3	0.4
0.75	3	1.5	3.8	6	3	1.5		0.4
0.8	3.2	1.6	4	6.4	3.2	1.6		0.4
1	4	2	5	8	4	2		0.5
1.25	5	2.5	6	10	5	2.5		0.6
1.5	6	3	7	12	6	3		0.8
1.75	7	3.5	9	14	7	3.5		0.9
2	8	4	10	16	8	4		1
2.5	10	5	12	18	10	5		1.2
3	12	6	14	22	12	6	D+0.5	1.5
3.5	14	7	16	24	14	7		1.8
4	16	8	18	26	16	8		2
4.5	18	9	21	29	18	9		2.2
5	20	10	23	32	20	10		2.5
5.5	22	11	25	35	22	11		2.8
6	24	12	28	38	24	12		3
参考值	=4P	=2P	≈(6~5)P	≈(8~6.5)P	=4P	=2P	—	≈0.5P

第 10 章　机械设计中常用材料

10.1　黑　色　金　属

碳素结构钢、优质碳素结构钢如表 10-1、表 10-2 所示。

表 10-1　碳素结构钢(摘自 GB700—88)

牌　号	机械性能							
	屈服点 σ_s (N/mm²)						抗拉强度 σ_b (N/mm²)	伸长率 δ_5(%) 不小于
	材料厚度(直径)(mm)							
	≤16	>16 ~40	>40 ~60	>60 ~100	>100 ~150	>150		
Q195	195	185					315~390	33
Q215	215	205	195	185	175	165	335~410	31
Q235	235	225	215	205	195	185	375~460	26
Q255	255	245	235	225	215	205	410~510	24
Q275	275	265	255	245	235	225	490~610	20

表 10-2　优质碳素结构钢(摘自 GB699—88)

牌　号	推荐热处理 (℃)			机械性能					应用举例
	正火	淬火	回火	σ_b (N/mm²)	σ_s (N/mm²)	δ_5(%)	ψ(%)	a_k (J/cm²)	
				不　小　于					
08 F	930			295	175	35	60		垫片、垫圈、摩擦片等
20	910			410	245	25	55		拉杆、轴套、吊钩等
30	880	860	600	490	295	21	50	63	销轴、套杯、螺栓等
35	870	850	600	530	315	20	45	55	轴、圆盘、销轴、螺栓
40	860	840	600	570	335	19	45	47	轴、齿轮、链轮、键等
45	850	840	600	600	355	16	40	39	
50	830	830	600	630	375	14	40	31	弹簧、凸轮、轴、轧辊
60	810			675	400	12	36		

表 10-3 所示为一般工程用铸钢及铸铁。

表 10-3　一般工程用铸钢及铸铁(摘自 GB5676—85、GB9439—88)

类别	牌　号	机械性能					
		σ_b (N/mm^2)	σ_s 或 $\sigma_{0.2}$ (N/mm^2)	δ (%)	ψ (%)	a_k (J/cm^2)	硬度 (HB)
		不　小　于					
GB5676—85 铸钢	ZG200-400	400	200	25	40	60	
	ZG230-450	450	230	22	32	45	
	ZG270-500	500	270	18	25	35	
	ZG310-570	570	310	15	21	30	
	ZG340-640	640	340	10	18	20	
GB9439—88 灰铸铁	HT100	100					93～140
	HT150	150					122～183
	HT200	200					150～225
	HT250	250					167～252
	HT300	300					185～278
	HT350	350					202～304

10.2　有 色 金 属

表 10-4 所示为铸造铜合金。

表 10-4　铸造铜合金(摘自 GBⅡ76—87)

合金名称与牌号	铸造方法	机械性能				应用举例
		σ_b (N/mm^2)	$\sigma_{0.2}$ (N/mm^2)	σ_5 (%)	硬度 (HB)	
5-5-5 锡青铜 ZCuSnSPb5Zn5	GS、GM	200	90	13	590	用于较高负荷、中等滑动速度下工作的耐磨、耐蚀零件,如轴瓦、衬套、油塞、蜗轮等
	GZ、GC	250	100	13	635	
L0-1 锡青铜 ZcuSn10P1	GS	220	130	3	785	用于小于 20 MPa 和滑动速度小于 8 m / s 条件下工作的耐磨零件,如齿轮、蜗轮、轴互、套等
	GM	310	170	2	885	
	GZ	330	170	4	885	
10-2 锡青铜 ZCuSn10Zn2	GS	240	120	12	685	用于中等负荷和小滑动速度下工作的管配件及阀、旋塞、泵体、齿轮、蜗轮、叶轮等
	GM	245	140	6	785	
	GZ、GC	270	140	7	785	
8-13-3-2 铝青铜 ZCuAl8Mn13Fe3N12	GS	645	280	20	1570	用于高强度耐蚀重要零件,如船舶螺旋桨、高压阀体、泵体、耐压耐磨的齿轮、蜗轮、法兰、衬套等
	GM	670	310	18	1665	
9-铝青铜 ZCuAl9Mn2	GS	390		20	835	用于制造耐磨结构简单的大型铸件,如衬套、蜗轮及增压器内气封等
	GM	440		20	930	

合金名称与牌号	铸造方法	机械性能				应用举例
		σ_b (N/mm²)	$\sigma_{0.2}$ (N/mm²)	σ_5 (%)	硬度 (HB)	
10-3 铝青铜 ZCuAl10Fe3	GS	490	180	13	980	制造强度高、耐磨、耐蚀零件，如涡轮、轴承、衬套、管嘴、耐热管配件
	GM	540	200	15	1080	
	GZ、GC	540	200	15	1080	
9-4-4-2 铝青铜 ZCuAl9Fe4Ni4Mn2	GS	630	250	16	1570	制造高强度重要零件，如船舶螺旋桨，耐磨及 400℃ 以下工作的零件，如轴承、齿轮、蜗轮、螺母、法兰、阀体、导向套管等
25-6-3-3 铝黄铜 ZCuZn25Al6Fe3Mn3	GS	725	380	10	1570	适于高强度耐磨零件，如桥梁支承板、螺母、螺杆、耐磨板、滑块、蜗轮等
	GM	740	400	7	1665	
	GZ、GC	740	400	7	1665	
38-2-2 锰黄铜 ZCuZn38Mn2Pb2	GS	245 345		10	685	一般用途结构件，如套筒、衬套、轴瓦、滑块等
	GM			18	785	

10.3 常用热处理方法

表 10-5 所示为常用热处理方法。

表 10-5 常用热处理方法

类型	热处理名称	说明	应用
常规热处理	退火(焖火)	退火是将钢件或钢坯加热到适当温度，保温一定时间后缓慢冷却下来(常采用随炉冷却)	用于消除由于焊接、铸造、锻造等热加工形成的内应力；降低材料硬度，易于切削加工；细化晶粒，改善组织结构。增加材料的韧性
	正火(常化)	正火是将钢件或钢坯加热到相变点之上 30~50℃，保温一定时间后在空气中冷却	用于处理中低碳钢或渗碳的零件，以细化组织结构，减小内应力，提高韧性，改善切削性能
	淬火(蘸火)	淬火是将钢件或钢坯加热到相变点之上某一温度，保温一定时间后在水、油或盐浴中迅速冷却(个别材料需要在空气中冷却)，以获得高硬度、高强度	用于提高钢的强度和硬度，但韧性和塑性会有所下降
	回火	回火是将淬硬的钢件加热到相变点之下某一温度，保温一定时间后在空气中或油中冷却	用于消除淬火后的脆性及内应力，提高钢材的韧性和塑性
	调质	淬火+高温回火	用于使钢材具有足够的强度的同时，具有较好的韧性和塑性
	表面淬火	只对钢件表面进行淬火，使其表面具有高强度、高硬度和耐磨性，而芯部保持良好的韧性和塑性	常用于处理齿轮的齿面等需要高强度、高耐磨性的零件表面

续表

类　型	热处理名称	说　明	应　用
常规热处理	时效	将钢件或钢坯加热到 120～130℃之下，长时间保温后随炉或在空气中冷却	用于消除淬火产生的微观应力，以避免变形与开裂；消除机械加工的残余应力，以稳定零件的形状与尺寸
热化学处理	渗碳	使活性碳元素渗透到零件的表层以提高含碳量，经淬火后提高其强度和硬度；芯部含碳量基本不变，从而保持良好的韧性和塑性	增强钢制零件的表面硬度、强度、疲劳极限和耐磨性，适用于中低碳结构钢的中小型零件和承受冲击、重载及耐磨的大型零件
	渗氮	使活性氮元素渗透到零件表层，经淬火后提高其硬度和耐磨性；芯部保持良好的韧性和塑性	增强钢制零件的表面硬度、强度、疲劳极限、耐磨性和耐蚀性，适用于铸铁件和结构钢件，如泵轴、排气阀等需要在潮湿、有腐蚀性介质的环境中工作的零件，气缸套、丝杠等需要耐磨的零件
	碳氮共渗(氰化)	使活性碳元素和氮元素同时渗透到零件表层，以提高其硬度和耐磨性；芯部保持良好的韧性和塑性	增强结构钢、工具钢等材料的强度、硬度、疲劳极限、耐磨性、耐蚀性等，提高刀具的切削性能和使用寿命，适用于硬度、耐磨性要求高的中小型零件、刀具和薄片零件

第11章 联 接

11.1 螺 纹 联 接

11.1.1 普通螺纹的直径与螺距

普通螺纹的直径与螺距见表 11-1。

表 11-1 普通螺纹的直径与螺距(摘自 GB/T 196—1981)　　　单位：mm

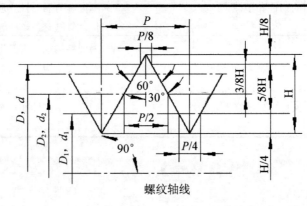

螺纹轴线

标记示例：公称直径 10mm、右旋、公差代号为 6h、中等旋合长度的普通粗牙螺纹标记为：M10-6h

公称直径 d、D			螺距 P		公称直径 d、D			螺距 P	
第一系列	第二系列	第三系列	粗牙	细　牙	第一系列	第二系列	第三系列	粗牙	细　牙
3			0.5	0.35			(28)		2，1.5，1
	3.5		(0.6)		30			3.5	(3)，2，1.5，(1)，(0.75)
4			0.7	0.5			(32)		2，1.5
	4.5		(0.75)			33		3.5	(3)，2，1.5，(1)，(0.75)
5			0.8				35		(1.5)
		5.5			36			4	3，2，1.5，(1)
6	7		1	0.75，(0.5)			(38)		1.5
8			1.25	1，0.75，(0.5)		39		4	3，2，1.5，(1)
	9		(1.25)				40		(3)，(2)，1.5
10			1.5	1.25，1，0.75，(0.5)	40	45		4.5	(4)，3，2，1.5，(1)
	11		(1.5)	1，0.75，(0.5)	48			5	
12			1.75	1.5，1.25，1，(0.7)，(0.5)			50		(3)，(2)，1.5
	14		2	1.5，(1.2)，1，(0.75)，(0.5)		52		5	(4)，3，2，1.5，(1)
		15		1.5，(1)			55		(4)，(3)，2，1.5

续表

公称直径 d、D			螺距 P		公称直径 d、D			螺距 P	
第一系列	第二系列	第三系列	粗牙	细 牙	第一系列	第二系列	第三系列	粗牙	细 牙
16			2	1.5, 1, (0.75), (0.5)	56			5.5	4, 3, 2, 1.5, (1)
		17		1.5, (1)			58		(4), (3), 2, 1.5
20	18		2.5	2, 1.5, 1, (0.75), (0.5)		60		(5.5)	4, 3, 2, 1.5, (1)
	22			2, 1.5, 1, (0.75)			62		(4), (3), 2, 1.5
24			3	2, 1.5, (1), (0.75)	64				4, 3, 2, 1.5, (1)
		25		2, 1.5, (1)			65		(4), (3), 2, 1.5
		(26)		1.5			68		4, 3, 2, 1.5, (1)
	27		3	2, 1.5, 1, (0.75)			70		(6), (4), (3), 2, 1.5

注: 1. 优先选用第一系列, 其次是第二系列, 第三系列尽可能不用;

  2. M14×1.25 仅用于火花塞, M35×1.5 仅用于滚动轴承锁紧螺母。

11.1.2　六角头螺栓

六角头螺栓见表 11-2、表 11-3。

表 11-2　六角头螺栓(GB/T 5780—2000、GB/T 5781—2000)　　单位: mm

六角头螺栓 C 级(GB/T 5780—2000)　　　　六角头螺栓全螺纹 C 级(GB/T 5781—2000)

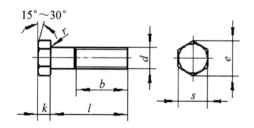 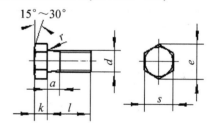

标记示例:

螺纹规格 d=M12、公称直径 l=80mm、性能等级为 4.8 级、不经表面处理、C 级的六角头螺栓:

GB/T5780M12×80

螺纹规格 d		M5	M6	M8	M10	M12	(M14)	M16	(M18)	M20	(M22)	M24	M27	M30	M36
s(公称)		8	10	13	16	18	21	24	27	30	34	36	41	46	55
k(公称)		3.5	4	5.3	6.4	7.5	8.8	10	11.5	12.5	14	15	17	18.7	22.5
r(最小)		0.2	0.25	0.4			0.6			0.8				1	
e(最小)		8.6	10.9	14.2	17.6	19.9	22.8	26.2	29.6	33	37.3	39.6	45.2	50.9	60.8
a(最大)		2.4	3	4	4.5	5.3	6			7.5		9	10.5	12	
b (参考)	l≤125	16	18	22	26	30	34	38	42	46	50	54	60	66	78
	125<l≤200	—	—	28	32	36	40	44	48	52	56	60	66	72	84
	l > 200	—	—	—	—	—	53	57	61	65	69	73	79	85	97
l(公称) GB/T 5780—2000		25~50	30~60	40~80	45~100	55~120	60~140	65~160	80~180	80~200	90~220	100~240	110~260	120~300	140~360

续表

螺纹规格 d	M5	M6	M8	M10	M12	(M14)	M16	(M18)	M20	(M22)	M24	M27	M30	M36
全螺纹长度 l GB/T 5781—2000	10~ 50	12~60	16~ 80	20~ 100	25~ 120	30~ 140	35~ 160	35~ 180	40~ 200	45~ 220	50~ 240	55~ 280	60~ 300	70~ 360
100mm 长的质量(kg)	0.013	0.020	0.037	0.063	0.090	0.127	0.127	0.223	0.282	0.359	0.424	0.566	0.721	1.100
l 系列(公称)	10, 12, 16, 20, 25, 30, 35, 40, 45, 50, 55, 60, 65, 70, 80, 90, 100, 110, 120, 130, 140, 150, 160, 180, 200, 220, 240, 260, 280, 300, 320, 340, 360, 380, 400, 420, 440, 480, 500													
技术 条件	GB/T 5780 螺纹公差：8g GB/T 5781 螺纹公差：8g			材料：钢		性能等级：d≤39, 3.6、4.6、4.8；d＞39, 按协议				表面处理：不经处理，电镀、非电解锌粉覆盖			产品等级：C	

注：1. M5~M36 为商品规格，为销售储备的产品最通用的规格；

2. M42~M64 为通用规格，较商品规格低一档，有时买不到要现制造；

3. 带括号的为非优选的螺纹规格(其他各表均相同)，非优选螺纹规格除表列外还有(M33)、(M39)、(M45)、(M52)和(M60)；

4. 末端按 GB/T 2 规定；

5. 标记示例"GB/T5780M12"为简化标记，它代表了标记示例的各项内容，此标准件为常用及大量供应的，与标记示例内容不同的不能用简化标记，应按 GB/T 1237—2000 规定标记；

6. 表面处理：电镀技术按要求 GB/T 5267；非电解锌粉覆盖技术要求按 ISO10683；如需其他表面镀层或表面处理，应由双方协议；

7. GB/T 5780 增加了短规格，推荐采用 GB/T 5781 全螺纹螺栓。

表 11-3 六角头螺栓(GB/T 5782—2000、GB/T 5783—2000) 单位：mm

六角头螺栓(GB/T 5782—2000) 六角螺栓全螺纹(GB/T 5783—2000)

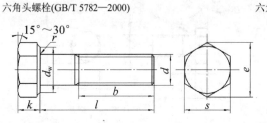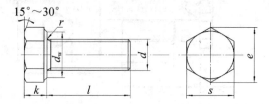

六角头头部带孔螺栓 A 和 B 级(GB/T 32.1—1988) 六角头头部带槽螺栓 A 和 B 级(GB/T 29.1—1988)

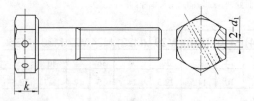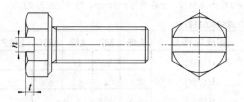

其余的形式与尺寸按 GB/T 5782 规定 其余的形式与尺寸按 GB/T 5783 规定

标记示例：

螺纹规格 d=M12、公称长度 l=80mm、性能等级为 8.8 级、表面氧化、A 级的六角螺栓：螺栓 GB/T 5782M12×80

螺纹规格 d	M1.6	M2	M2.5	M3	M4	M5	M6	M8	M10	M12	(M14)	M16	(M18)	M20	(M22)	M24	(M27)	M30	M36
s(公称)	3.2	4	5	5.5	7	8	10	13	16	18	21	24	27	30	34	36	41	46	55
k(公称)	1.1	1.4	1.7	2	2.8	3.5	4	5.3	6.4	7.5	8.8	10	11.5	12.5	14	15	17	18.7	22.5
r_min	0.1			0.2		0.25	0.4		0.6			0.8			1			

螺纹规格 d		M1.6	M2	M2.5	M3	M4	M5	M6	M8	M10	M12	(M14)	M16	(M18)	M20	(M22)	M24	(M27)	M30	M36
e	min A	3.41	4.32	5.45	6.01	7.66	8.79	11.05	14.38	17.77	20.03	23.36	26.75	30.14	33.53	37.72	39.98	—	—	—
		3.28	4.18	5.31	5.88	7.50	8.63	10.89	14.20	17.59	19.85	22.78	26.17	29.56	32.95	37.29	39.55	45.2	50.85	60.79
d_w	min A	2.27	3.07	4.07	4.57	5.88	6.88	8.88	11.63	14.63	16.63	19.64	22.49	25.34	28.19	31.71	33.61	—	—	—
		2.3	2.95	3.95	4.45	5.74	6.74	8.74	11.47	14.47	16.47	19.15	22	24.85	27.7	31.35	33.25	38	42.75	51.11
B (参考)	l≤125	9	10	11	12	14	16	18	22	26	30	34	38	42	46	50	54	60	66	
	125<l≤200	15	16	17	18	20	22	24	28	32	36	40	44	48	52	56	60	60	72	84
	l>200	28	29	30	31	33	35	37	41	45	49	53	57	61	65	69	73	79	85	97
a		—	—	—	1.5	2.1	2.4	3	3.75	4.5	5.25	6			7.5		9		10.5	12
h		—	—	—	0.8	1.2	1.6	2	2.5	3	—	—	—	—	—	—	—	—	—	—

11.1.3 开槽螺钉

开槽螺钉见表 11-4。

表 11-4 开槽螺钉(GB/T 65—2000～GB/T 67—2000)　　　　单位：mm

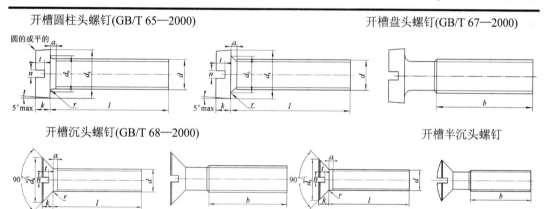

开槽圆柱头螺钉(GB/T 65—2000)　　　　开槽盘头螺钉(GB/T 67—2000)

开槽沉头螺钉(GB/T 68—2000)　　　　开槽半沉头螺钉

标记示例：螺纹规格 d=M5，公称长度 l=20mm，性能等级为 4.8 级，不经表面处理的开槽圆柱头螺钉：

螺钉　GB/T 65　M5×20

螺纹规格 d			M3	(M3.5)	M4	M5	M6	M8	M10
a_{max}			1	1.2	1.4	1.6	2	2.5	3
b_{min}			25			38			
n 公称			0.8	1		1.2	1.6	2	2.5
GB/T65	d_k	max	5.5	6	7	8.5	10	13	16
	k	max	2	2.4	2.6	3.3	39	5	6
	t	min	0.85	1	1.1	1.3	1.6	2	2.4
	d_a	max	3.6	4.1	4.7	5.7	6.8	9.2	11.2
	r	min	0.1		0.2		0.25	0.4	
	商品规格 长度 l		4~30	5~35	5~40	6~50	8~60	10`80	12~80
全螺纹长度 l			4~30	5~40	5~40	6~40	8~40	10~40	12~40

螺纹规格 d		M3	(M3.5)	M4	M5	M6	M8	M10
GB/T67	d_k max	5.6	7	8	9.5	12	16	20
	k max	1.8	2.1	2.4	3	3.6	4.8	6
	t min	0.7	0.8	1	1.2	1.4	1.9	2.4
	d_a max	3.6	4.1	4.7	5.7	6.8	9.2	11.2
	r min	0.1		0.2		0.25	0.4	
	商品规格 长度 l	4~30	5~35	5~40	6~50	8~60	10~80	12~80
	全螺纹长度 l	4~30	5~40	5~40	6~40	8~40	10~40	12~40
GB/T68 GB/T69	d_k max	5.5	7.3	8.4	9.3	11.3	15.8	18.3
	k max	1.65	2.35	2.7		3.3	4.65	5
	r min	0.8	0.9	1	1.3	1.5	2	2.5
	t min GB/T68	0.6	0.9	1	1.1	1.2	1.8	2
	GB/T69	1.2	1.45	1.6	2	2.4	3.2	3.8
	f	0.7	0.8	1	1.2	1.4	2	2.3
	商品规格 长度 l	5~30	6~35	6~40	8~50	8~60	10~80	12~80
	全螺纹长度 l	5~30	6~45	6~45	8~45	8~45	10~45	12~45

11.1.4 内六角圆柱头螺钉

内六角圆柱头螺钉见表 11-5。

表 11-5 内六角圆柱头螺钉(摘自 GB/T 7001—2000)　　　　单位：mm

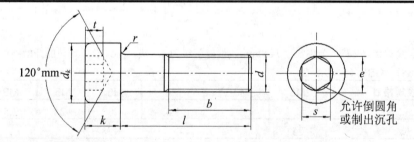

标记示例：螺纹规格 d=M5，公称长度 l=200mm，性能等级为 8.8 级，表面氧化的内六角圆柱头螺钉：螺钉 GB/T7001—2000 M5×20

螺纹规格 d	M3	M4	M5	M6	M8	M10	M12	(M14)	M16	M20	M24	M30	M36
d_k	5.5	7	8.5	10	13	16	18	21	24	30	36	45	54
k_{max}	3	4	5	6	8	10	12	14	16	20	24	30	36
t	1.3	2	2.5	3	4	5	6	7	8	10	12	15.5	19
r	0.1	0.2	0.2	0.25	0.4	0.4	0.6	0.6	0.6	0.8	0.8	1	1
s	2.5	3	4	5	6	8	10	12	14	17	19	22	27
e_{min}	2.9	3.4	4.6	5.7	6.9	9.2	11.4	13.7	16	19	21.7	25.2	30.9

螺纹规格 d	M3	M4	M5	M6	M8	M10	M12	(M14)	M16	M20	M24	M30	M36
B(参考)	18	20	22	24	28	32	36	40	44	52	60	72	84
l	5~30	6~40	8~50	10~60	12~80	16~100	20~120	25~140	25~160	30~200	40~200	45~260	55~200
全螺纹时最大长度	20	25	25	30	35	40	45	55(65)	55	65	80	90	110
l 系列	2.5,3,4,5,6,8,10,12,(14),(16),20,25,30,35,40,45,50,(55),60,(65),70,80,90,100,110,120,130,140,150,160,180,200												

注：1. 尽可能不采用括号内的规格。

　　2. $e_{min} = 1.14 s_{min}$。

11.1.5　紧定螺钉

紧定螺钉见表 11-6。

表 11-6　开槽锥端紧定螺钉(GB71—85)开槽平端紧定螺钉(GB73—85)开槽圆柱端紧定螺钉(GB75—85)

单位：mm

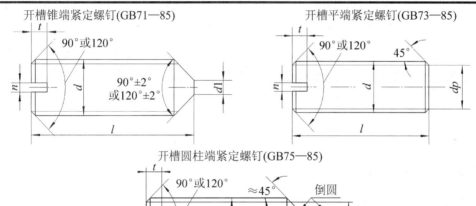

标记示例：螺纹规格 d–M5，公称长度 l=12mm，性能等级为 14H、表面氧化的开槽锥端紧定螺钉标记为：
　　　　螺钉 GB71—85　M5×12-14H

	d	M3	M4	M5	M6	M8	M10	M12
P	GB71—85 GB73—85 GB75—85	0.5	0.7	0.8	1	1.25	1.5	1.75
d_1	GB75—85	0.3	0.4	0.5	1.5	2	2.5	3
d_p max	GB73—85 GB75—85	2	2.5	3.5	4	5.5	7	8.5

续表

d		M3	M4	M5	M6	M8	M10	M12
η公称	GB71—85 GB73—85 GB75—85	0.4	0.6	0.8	1	1.2	1.6	2
t_{min}	GB71—85 GB73—85 GB75—85	0.8	1.12	1.28	1.6	2	2.4	2.8
z_{min}	GB75—85	1.5	2	2.5	3	4	5	6
倒角和锥顶角	GB71—85 120°	$l\leq3$	$l\leq4$	$l\leq5$	$l\leq6$	$l\leq8$	$l\leq10$	$l\leq12$
	90°	$l\geq4$	$l\geq5$	$l\geq6$	$l\geq8$	$l\geq10$	$l\geq12$	$l\geq14$
	GB73—85 120°	$l\leq3$	$l\leq4$	$l\leq5$	$l\leq6$		$l\leq8$	$l\leq10$
	90°	$l\geq4$	$l\geq5$	$l\geq6$	$l\geq8$		$l\geq10$	$l\geq12$
	GB75—85 120°	$l\leq5$	$l\leq6$	$l\leq8$	$l\leq10$	$l\leq14$	$l\leq16$	$l\leq20$
	90°	$l\geq6$	$l\geq8$	$l\geq10$	$l\geq12$	$l\geq16$	$l\geq20$	$l\geq25$
l公称	商品规格范围 GB71-85	4~6	6~20	8~25	8~30	10~40	12~50	14~60
	GB73-85	3~16	4~20	5~25	6~30	8~40	10~50	12~60
	GB75-85	5~16	6~20	8~25	8~30	10~40	12~50	14~60
	系列值	2，2.5，3，4，5，6，8，10，12，(14)，16，20，25，30，35，50，(55)，60							

注: 1. l系列值中，尽可能不采用括号内规格；

  2. ≤M5 的 GB 71—85 的螺钉，不要求锥端有平面部分(d_t)；

  3. P 为螺距。

11.1.6 六角螺母

六角螺母见表 11-7。

表 11-7   六角螺母(摘自 GB/T 41—2000、GB/T 6170~74—2000)   单位：mm

六角螺母 C 级(GB/T 41—2000)   六角薄螺母无倒角 (GB/T 6174—2000)

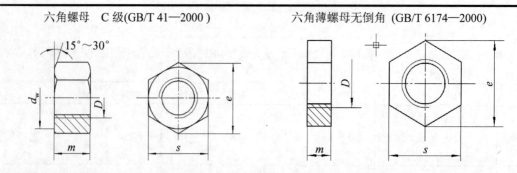

标记示例：螺纹规格 D=M12、性能等级为 5 级、不经表面处理、产品等级为 C 级的六角螺母：螺母 GB/T 41   M12

标记示例：螺纹规格 D=M6、机械性能为 HV110、不经表面处理、B 级的六角薄螺母：螺母 GB/T 6174   M6

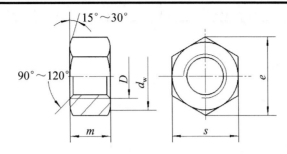

1 型六角螺母(GB/T 6170—2000)

六角薄螺母(GB/T 6172.1—2000)

标记示例:

螺纹规格 D=M12、性能等级为 10 级、不经表面处理、A 级的 1 型六角螺母:螺母 GB/T6170 M12

螺母规格 D=M12、性能等级为 04 级、不经表面处理、A 级的六角薄螺母:螺母 GB/T 6172.1 M12

螺纹规格 D		M3	(M3.5)	M4	M5	M6	M8	M10	M12	(M14)	M16	(M18)	M20	(M22)	M24	(M27)	M30
e_{min}	1[①]	5.9	6.4	7.5	8.6	10.9	14.2	17.6	19.9	22.8	26.2	29.6	33	37.3	39.6	45.2	50.9
	2[②]	6	6.6	7.7	8.8	11	14.4	17.8	20	23.4	26.8	29.6	33	37.3	39.6	45.2	50.9
S 公称		5.5	6	7	8	10	13	16	18	21	24	27	30	34	36	41	46
$d_w min$	1[①]	—	—	—	6.7	8.7	11.5	14.5	16.5	19.2	22	24.9	27.7	31.4	33.3	38	42.8
	2[②]	4.6	5.1	5.9	6.9	8.9	11.6	14.6	16.6	19.6	22.5	24.9	27.7	31.4	33.3	38	42.8
m_{max}	GB/T6170	2.4	2.8	3.2	4.7	5.2	6.8	8.4	10.8	12.8	14.8	15.8	18	19.4	21.5	23.8	25.6
	GB/T6172.1																
	GB/T6174	1.8	2	2.2	2.7	3.2	4	5	6	7	8	9	10	11	12	13.5	15
	GB/T 41	—	—	—	5.6	6.4	7.9	9.5	12.2	13.9	15.9	16.9	19	20.2	22.3	24.7	26.4

①为 GB/T 41 及 GB/T6174 的尺寸;②为 GB/T 6170 及 GB/T 6172.1 的尺寸。

注: 1. A 级用于 $D \leqslant 16mm$;B 级用于 $D > 16mm$ 的螺母。

2. 尽量不采用括号中的尺寸,除表中所列外,还有(M33)、(M39)、(M45)、(M52)、(M52)和(M60)。

3. GB/T 41 的螺母规格为 M5~M60;GB/T 6174 的螺纹规格为 M1.6~M16。

11.1.7 圆螺母

圆螺母见表 11-8。

表 11-8　圆螺母(GB 812—88)　　　　　单位：mm

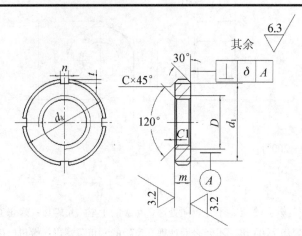

标记示例：螺纹规格 D=M16×1.5、材料为 45 钢、槽或全部热处理后硬度 35~45HRC、表面氧化的圆螺母：

D	d_k	d_1	m	n	t	C	C_1	D	d_k	d_1	m	n	t	C	C_1
M10×1	22	16		4	2			M64×2	95	84		8	3.5		
M12×1.25	25	19						M65×28*	95	84	12				
M14×1.5	28	20	8					M68×2	100	88					
M16×1.5	30	22				0.5		M72×2	105	93		10	4		
M18×1.5	32	24						M75×2*	105	93					
M20×1.5	35	27						M76×2	110	98	15				
M22×1.5	38	30		5	2.5		0.5	M80×2	115	103					
M24×1.5	42	34						M85×2	120	108					
M25×1.5*	42	34						M90×2	125	112					
M27×1.5	45	37				1		M95×2	130	117		2	5	1.5	1
M30×1.5	48	40				1		M100×2	135	122	18				
M33×1.5	52	43	10					M105×2	140	127					
M35×1.5*	52	43						M110×2	150	135					
M36×1.5	55	46						M115×2	155	140					
M39×1.5	58	49		6	3			M120×2	160	145	22	14	6		
M40×1.5*	58	49						M125×2	165	150					
M42×1.5	62	53						M130×2	170	155					
M45×1.5	68	59					0.5	M140×2	180	165					
M48×1.5	72	61				1.5		M150×2	200	180	26				
M50×1.5*	72	61						M160×3	210	190					
M52×1.5	78	67	12	8	3.5			M170×3	220	200		16	7	2	1.5
M55×2*	78	67						M180×3	230	210					
M56×2	85	74					1	M190×3	240	220	30				
M60×2	90	79						M200×3	250	230					

注：1. 槽数 n：当 D≤M100×2 时，n=4；当 D≥M105×2 时，n=6。
　　2. 标有*者仅用滚动轴承锁紧装置。

11.1.8　平垫圈

平垫圈见表 11-9。

表 11-9　平垫圈(摘自 GB 848—85，GB 97.1、97.2—85，GB95—85)　单位：mm

小垫圈(GB 848—85)　　平垫圈—倒角型(GB 97.2—85)　　平垫圈—C 级(GB 95—85)　　平垫圈(GB97.1—85)

标准系列，公称尺寸 d=8mm、性能等级为 140 HV 级、不经表面处理的平垫圈标记为：

垫圈　GB97.1—85　8—140 HV

公称尺寸 (螺纹规格)d		4	5	6	8	10	12	14	16	20	24	30	36
d_1 公称(min)	GB 848—85	4.3											
	GB 97.1—85		5.3	6.4	8.4	10.5	13	15	17	21	25	31	37
	GB 97.2—85	—											
	GB/T 95—1995												
d_2 公称(max)	GB 848—85	8	9	11	15	18	20	24	28	34	39	50	60
	GB 97.1—85	9											
	GB 97.2—85	—	10	12	16	20	24	28	30	37	44	56	66
	GB/T 95—1995												
h 公称	GB 848—85	0.5			1.6		2		2.5	3			
	GB 97.1—85	0.8	1									4	5
	GB 97.2—85	—		1.6		2		2.5		3			
	GB/T 95—1995												

11.1.9　弹簧垫圈

弹簧垫圈见表 11-10。

表 11-10　弹簧垫圈(摘自 GB 93—87，GB 859—87)　　　　单位：mm

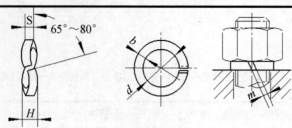

标记示例：规格 16mm，材料为 65Mn、表面氧化的标准型弹簧垫圈

规格 (螺纹大径)	d	GB 93—87		GB 859—87		
		S=b	0<m' ≤	S		0<m' ≤
3	3.1	0.8	0.4	0.8	1	0.3
4	4.1	1.1	0.50	0.8	1.2	0.5
5	5.1	1.3	0.65	1	1.2	0.55
6	6.2	1.6	0.8	1.2	1.6	0.65
8	8.2	2.1	1.05	1.6	2	0.8
10	10.2	2.6	1.3	2	2.5	1
12	12.3	3.1	1.55	2.5	3.5	1.25
(14)	14.3	3.6	1.8	3	4	1.5
16	16.3	4.1	2.05	3.2	4.5	1.6
(18)	18.3	4.5	2.25	3.5	5	1.8
20	20.5	5	2.5	4	5.5	2
(22)	22.5	5.5	2.75	4.5	6	2.25
24	24.5	6	3	4.8	6.5	2.5
(27)	27.5	6.8	3.4	5.5	7	2.75
30	30.5	7.5	3.75	6	8	3
36	36.6	9	4.5			

11.1.10　圆螺母用止动垫圈

圆螺母用止动垫圈见表 11-11。

表 11-11　圆螺母用止动垫圈(摘自 GB 858—88)　　　　单位：mm

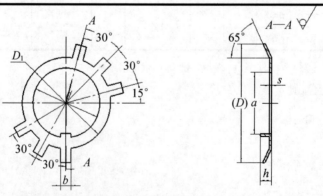

标记示例：规格 16mm，材料 Q235、经退火表面氧化的圆螺母用止动垫圈：垫圈 GB 858—88

续表

规格(螺纹大径)	d	(D)	D_1	S	b	a	h	轴端 b_1	轴端 t	规格(螺纹大径)	d	(D)	D_1	S	b	a	h	轴端 b_1	轴端 t
14	14.5	32	30		3.8	11	3	4	10	55*	56	82	67			52			—
16	16.5	34	22			13			12	56	57	90	74			53			52
18	18.5	35	24			15			14	60	61	94	79		7.7	57		8	56
20	20.5	38	27	1	4.8	17	4	5	16	64	65	100	84	1.5		61	6		60
22	22.5	42	30			19			18	65*	66	100	84			62			—
24	24.5	45	34			21			20	68	69	105	88			65			64
25*	25.5	45	34			22			—	72	73	110	93			69			68
27	27.5	48	37			24			23	75*	76	110	93		9.6	71		10	—
30	30.5	52	40			27			26	76	77	115	98			72			70
33	33.5	56	43			30			29	80	81	120	103			76			74
35*	35.5	56	43			32			—	85	86	125	108			81			79
36	36.5	60	46		5.7	33	5	6	32	90	91	130	112		11.6	86	7	12	84
39	39.5	62	49	1.5		36			35	95	96	135	117			91			89
40*	40.5	62	49			37			—	100	101	140	122			96			94
42	42.5	66	53			39			38	105	106	145	127	2		101			99
45	45.5	72	59			42			41	110	111	156	135			106			104
48	48.5	76	61			45			44	115	116	160	140		13.5	111		14	109
50*	50.5	76	61		7.7	47	8		—	120	121	166	145			116			114
52	52.5	82	67			49	6		48	125	126	170	150			121			119

注：标有*仅用于滚动轴承锁紧装置。

11.2　键　联　接

11.2.1　普通平键

普通平键见表 11-12。

表 11-12　普通平键的基本规格(摘自 GB 1095、1096—79)　　　(单位：mm)

平键　键和键槽的剖面尺寸(GB 1095—79)

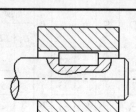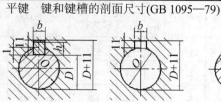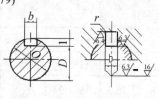

普通平键　形式尺寸(GB 1096—79)

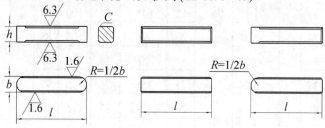

标记示例：

平头普通平键(B 型)、b=18mm、h=1mm、L=100mm

键　B18×100　GB1096—79

单圆头普通平键(C 型)、b=18mm、h=11mm、L=100mm

键　C18×100　GB 1096—79

轴	键	键 槽											
		宽度 b						深 度				半径 r	
轴颈 D	公称尺寸 b×h	公称尺寸 b	偏　差					轴 t		毂 t₁			
			较松键连接		一般键连接		较紧键连接	公称	偏差	公称	偏差	最小	最大
			轴 H9	毂 D10	轴 N9	毂 Js9	轴毂 P9						
6~8	2×2	2	+0.025	+0.060	-0.004	±0.0125	-0.006	1.2	+0.10	1	+0.10	0.08	0.16
>8~10	3×3	3	0	+0.020	-0.029		-0.031	1.8		1.4			
>10~12	4×4	4	+0.030	+0.078	0	±0.015	-0.012	2.5		1.8			
>12~17	5×5	5						3.0		2.3			
>17~22	6×6	6	0	+0.030	-0.030		-0.042	3.5		2.8		0.16	0.25
>22~30	8×7	8	+0.036	+0.098	0	±0.018	-0.015	4.0		3.3			
>30~38	10×8	10	0	+0.040	-0.036		-0.051	5.0		3.3			
>38~44	12×8	12	+0.043	+0.120	0	±0.0215	-0.018	5.0		3.3		0.25	0.40
>44~50	14×9	14						5.5		3.8			
>50~58	16×10	16	0	+0.050	-0.043		-0.061	6.0	+0.20	4.3	+0.20		
>58~65	18×11	18						7.0		4.4			
>65~75	20×12	20	+0.052	+0.149	0	±0.026	+0.022	7.5		4.9		0.40	0.60
>75~85	22×14	22						9.0		5.4			
>85~95	25×14	25	0	+0.065	-0.052		-0.074	9.0		5.4			
>95~110	28×16	28						10.0		6.4			

注：1. D−t 和 D+t₁ 两组组合尺寸的偏差按相应的 t 和 t₁ 的偏差选取，但 D−t 偏差值应取(−)。

　　2. 对于键，b 的偏差按 h9，h 的偏差按 h11，L 的偏差按 h14。

　　3. 长度(L)系列为：6.8,10,12,14,16,18,20,22,25,28,32,35,40,45,50,55,60,70,80,90,100,…, 500。

11.2.2 半圆键

半圆键见表 11-13。

表 11-13 半圆键(摘自 GB 1098、1099—79)　　　单位：mm

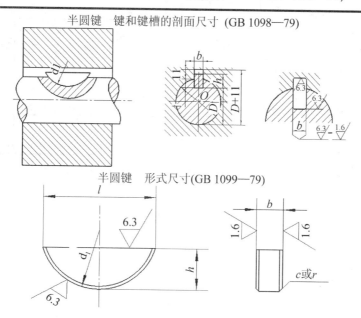

半圆键　键和键槽的剖面尺寸 (GB 1098—79)

半圆键　形式尺寸(GB 1099—79)

标记示例：

$b=6mm$、$h=10mm$、$d_1=25mm$ 半圆键：

键 6×25 GB 1099—79

轴径 D		键	键 槽									
			宽度 b				深　度				半径 r	
				极限偏差								
键传递扭矩	键定位	公称尺寸 b×h×d₁	公称尺寸	一般键连接		较紧键连接	轴 t		毂 t₁			
				轴 N9	毂 Js9	轴和毂 P9	公称尺寸	极限偏差	公称尺寸	极限偏差	最小	最大
3~4	3~4	1.0×1.4×4	1.0	-0.004 -0.029	±0.012	-0.006 -0.031	1.0	+0.1 0	0.6	+0.1	0.08	0.16
>4~5	>4~6	1.5×1.6×7	1.5				2.0		0.8			
>5~6	>6~8	2.0×2.6×7	2.0	-0.004 -0.029	±0.012	-0.006 -0.031	1.8	+0.1 0	1.0	+0.1	0.08	0.16
>6~7	>8~10	2.0×3.7×10	2.0				2.9		1.0			
>7~8	>10~12	2.5×3.7×10	2.5				2.7		1.2			
>8~10	>12~15	3.0×5.0×12	3.0				3.8		1.4			
>10~12	>15~18	3.0×6.5×16	3.0				5.3		1.4			
>12~14	>18~20	4.0×6.5×16	4.0	0 -0.030	±0.015	-0.012 -0.042	5.0	+0.2 0	1.8	0	0.16	0.25
>14~16	>20~22	4.0×7.5×19	4.0				6.0		1.8			
>16~18	>22~25	5.0×6.5×16	5.0				4.5		2.3			
>18~20	>25~28	5.0×7.5×19	5.0				5.5		2.3			

轴径 D		键	键槽									
			宽度 b				深度				半径 r	
				极限偏差			轴 t		毂 t₁			
键传递扭矩	键定位	公称尺寸 b×h×d₁	公称尺寸	一般键连接		较紧键连接	公称尺寸	极限偏差	公称尺寸	极限偏差	最小	最大
				轴 N9	毂 Js9	轴和毂 P9						
>20~22	>28~32	5.0×9.0×22	5.0				7.0		2.3			
>22~25	>32~36	6.0×9.0×22	6.0				6.5		2.8			
>25~28	>36~40	6.0×10.0×25	6.0				7.5	+0.3	2.8	+0.2		
>28~32	40	8.0×11.0×28	8.0	0 −0.036	±0.018	−0.015 −0.051	8.0	0	3.3		0.25	0.40
>32~38	—	10.0×13.0×32	10.0				10.0		3.3	0		

注：$D-t$ 和 $D+t_1$ 两组组合尺寸的偏差按相应的 t 和 t_1 的偏差选取，但 $D-t$ 偏差值应取(−)。

11.3　销　联　接

11.3.1　圆锥销

圆锥销见表 11-14。

表 11-14　圆锥销(摘自 GB/T 117—2000)　　　　　　　　　　(单位：mm)

A 型(磨削)：锥面表面粗糙度值 $Ra=0.8\mu m$

B 型(切削或冷镦)：锥面表面粗糙度值 $Ra=3.2\mu m$

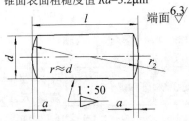

$$r_2 = \frac{a}{2} + d + \frac{(0.02l)_2}{8a}$$

标记示例：

公称直径 d=6mm、公称长度 l =30mm、材料为 35 钢、热处理硬度 28～38HRC、表面氧化处理 A 型圆锥销的标记：销　GB/T 117　6×30

d h10	0.6	0.8	1	1.2	1.5	2	2.5	3	4	5	6	8	10	12	16	20	25	30	40	50
a	0.08	0.1	0.12	0.16	0.2	0.25	0.3	0.4	0.5	0.63	0.8	1	1.2	1.6	2	2.5	3	4	5	6.3
商品规格 l	4~8	5~12	6~16	6~20	8~24	10~35	10~35	12~45	14~55	18~60	22~90	22~120	26~160	32~180	40~200	45~200	50~200	55~200	60~200	65~200
l 系列	2, 3, 4, 5, 6, 8, 10, 12, 14, 16, 18, 20, 22, 24, 26, 28, 30, 35, 40, 45, 50, 55, 60, 65, 70, 75, 80, 85, 90, 95, 100, 120, 140, 160, 180, 200																			

材料技术条件	材料	易切钢：Y12、Y15；碳素钢：35、45；合金钢：30CrMnSiA；不锈钢：1Cr13、2Cr13、Cr17Ni2、0Cr18Ni9Ti
	表面处理	①钢：不经处理；氧化；磷化；镀锌钝化。②不锈钢：简单处理。③其他表面镀层或表面处理，由供需双方协议。④所有公差仅适用于涂、镀前的公差

注：1. *d* 的其他公差，如 a11、c11、f8 由供需双方协议；

2. 公称长度大于 200mm，按 20mm 递增。

11.3.2 圆柱销

圆柱销见表 11-15。

表 11-15　圆柱销(摘自 GB/T 119.1—2000 、GB/T 119.2—2000)　单位：mm

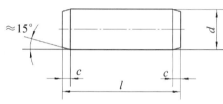

圆柱销　不淬硬钢和奥氏体不锈钢
(GB/T 119.1—2000)

圆柱销　淬硬钢和马氏体不锈钢
(GB/T 119.2—2000)

末端形状，由制造者确定允许倒圆角或凹槽

标记示例：

公称直径 *d*=6mm、其公差为 m6、公称长度 *l*=30mm、材料为钢、不经淬火、不经表面处理的圆柱销：

销　GB/T 119.1 6m6×30

公称直径 *d*=6mm、其公差为 m6、公称长度 *l*=30mm、
公称直径 *d*=6mm、其公差为 m6、公称长度 *l*=30mm、
材料为 A1 组奥氏体不锈钢、表面简单处理的圆柱销：销　GB/T 119.1 6m6×30—A1

标记示例：

公称直径 *d*=6mm、其公差为 m6、公称长度 *l*=30mm、材料为钢、普通淬火(A 型)、表面氧化处理的圆柱销：

销　GB/T 119.2　6×30

材料为 C1 组马氏体不锈钢、表面简单处理的圆柱销：销　GB/T 119.2　6×30—C1

d m6/h8	0.6	0.8	1	1.2	1.5	2	2.5	3	4	5	6	8	10	12	16	20	25	30
c	0.12	0.16	0.2	0.25	0.3	0.35	0.4	0.5	0.63	0.8	1.2	1.6	2	2.5	3	3.5	4	5
商品规格 *l*	2~6	2~8	4~10	4~12	4~16	6~20	6~24	8~30	8~40	10~50	12~60	14~80	18~95	22~140	26~180	35~200	50~200	60~200
1m 长的重量 (kg)	0.002	0.004	0.006	—	0.014	0.024	0.037	0.054	0.097	0.147	0.221	0.395	0.611	0.887	1.57	2.42	3.83	5.52
l 系列	2、3、4、5、6、8、10、12、14、16、18、20、22、24、26、28、30、32、35、40、45、50、55、60、65、70、75、80、85、90、100、120、140、160、180、200																	

技术条件	材料	GB/T 119.1　钢：奥氏体不锈钢 A1。GB/T 119.2　钢：A 型，普通淬火；B 型，表面淬火；B 型，表面淬火；马氏体不锈钢 C1
	表面粗糙度	GB/T 119.1　公差　m6：$Ra{\leqslant}0.8\mu m$;h8:$Ra{\leqslant}1.6\mu m$。GB/T 119.2　$Ra{\leqslant}0.8\mu m$
	表面处理	①钢：不经处理；氧化；磷化；镀锌钝化。②不锈钢：简单处理。③其他表面镀层或表面处理，应由供需双方协议。④所有公差仅适用于涂、镀前的公差

注：1. d 的其他公差由供需双方协议；

　　2. GB/T 119.2　d 的尺寸范围为 1～20mm；

　　3. 公称长度大于 200mm(GB/T 119.1)，大于 100mm(GB/T 119.2)，按 20mm 递增。

第 12 章 滚 动 轴 承

12.1 球 轴 承

12.1.1 深沟球轴承

深沟球轴承见表 12-1。

表 12-1　深沟球轴承(摘自 GB/T267—1994)

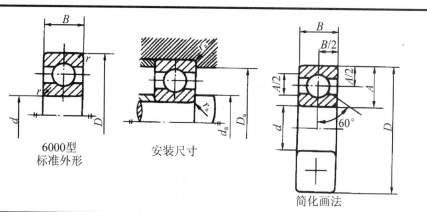

6000型
标准外形

安装尺寸

简化画法

轴承型号	基本尺寸(mm)				安装尺寸(mm)			基本额定负载(kN)		极限转速(r/min)	
	d	D	B	r_s min	d_a min	D_a max	r_{as} max	C_r	C_{or}	脂润滑	油润滑
6204	20	47	14	1	26	41	1	9.88	6.18	14000	18000
6205	25	52	15	1	31	46	1	10.8	6.95	12000	16000
6206	30	62	16	1	36	56	1	15.0	10.0	9500	13000
6207	35	72	17	1.1	42	65	1	19.8	13.5	8500	11000
6208	40	80	18	1.1	47	73	1	22.8	15.8	8000	10000
6209	45	85	19	1.1	52	78	1	24.5	17.5	7000	9000
6210	50	90	20	1.1	57	83	1	27.0	19.8	6700	8500
6211	55	100	21	1.5	64	91	1.5	33.5	25.0	6000	7500
6212	60	110	22	1.5	69	101	1.5	36.8	27.8	5600	7000
6213	65	120	23	1.5	74	111	1.5	44.0	34.0	5000	6300
6214	70	125	24	1.5	79	116	1.5	46.8	37.5	4800	6000

续表

轴承型号	基本尺寸(mm)				安装尺寸(mm)			基本额定负载 (kN)		极限转速(r/min)	
	d	D	B	r_s min	d_a min	D_a max	r_{as} max	C_r	C_{or}	脂润滑	油润滑
6304	20	52	15	1.1	27	45	1	12.2	7.78	13000	17000
6305	25	32	17	1.1	32	55	1	17.2	11.2	10000	14000
6306	30	72	19	1.1	37	65	1	20.8	14.2	9 000	12000
6307	35	80	21	1.5	44	71	1.5	25.8	17.8	8 000	10000
6308	40	90	23	1.5	49	81	1.5	31.2	22.2	7 000	9000
6309	45	100	25	1.5	54	91	1.5	40.8	29.8	6 300	8000
6310	50	110	27	2	60	100	2	47.5	35.6	6 000	7500
6311	55	120	29	2	65	110	2	55.2	41.8	5 600	6700
6312	60	130	31	2.1	72	118	2.1	62.8	48.5	5 300	6300
6313	65	140	33	2.1	77	128	2.1	72.2	56.5	4 500	5600
6314	70	150	35	2.1	82	138	2.1	80.2	63.2	4 300	5300
6404	20	72	19	1.1	27	65	1	23.8	16.8	9 500	13000
6405	25	80	21	1.5	34	71	1.5	29.5	21.2	8 500	11000
6406	30	90	23	1.5	39	81	1.5	36.5	26.8	8 000	10000
6407	35	100	25	1.5	44	91	1.5	43.8	32.5	6 700	8500
6408	40	110	27	2	50	100	2	50.2	37.8	6 300	8000
6409	45	120	29	2	55	110	2	59.2	45.5	5 600	7000
6410	50	130	31	2.1	62	118	2.1	71.0	55.2	5 200	6500
6411	55	140	33	2.1	67	128	2.1	77.5	62.5	4 800	6000
6412	60	150	35	2.1	72	138	2.1	83.8	70.0	4 500	5600
6413	65	160	37	2.1	77	148	2.1	90.8	78.0	4 300	5300

12.1.2 角接触球轴承

角接触球轴承见表 12-2。

表 12-2 角接触球轴承(摘自 GB/T 292—1994)

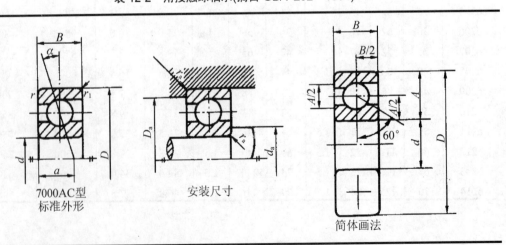

轴承型号		基本尺寸 (mm)			其他尺寸(mm)				装尺寸(mm)			基本定动 负荷 C_r(kN)		基本额定 静负荷 C_{or}(kN)		极限转速 (r/min)	
		d	D	B	a		r_s min	r_{1s} min	d_a min	D_a min	r_{as} max	7000C	7000AC	70007	7000 AC	脂润滑	油润滑
					7000C	7000AC											
7204C	7204AC	20	47	14	11.5	14.9	1	0.3	26	41	1	11.2	10.8	7.46	7.00	13000	18000
7205C	7205AC	25	52	15	12.7	16.4	1	0.3	31	46	1	12.8	12.2	8.95	8.38	11000	16000
7206C	7206AC	30	62	16	14.2	18.7	1	0.3	36	56	1	17.8	16.8	12.8	12.2	9000	13000
7207C	7207AC	35	72	17	15.7	21	1.1	0.6	42	65	1	23.5	22.5	17.5	16.5	8000	11000
7208C	7208AC	40	80	18	17	23	1.1	0.6	47	73	1	26.8	25.8	20.5	19.2	7500	10000
7209C	7208AC	45	85	19	18.2	24.7	1.1	0.6	52	78	1	29.8	28.2	23.8	22.5	6700	9000
7210C	7210AC	50	90	20	19.4	26.3	1.1	0.6	57	83	1	32.8	31.5	26.8	25.2	6300	8500
7211C	7211AC	55	100	21	20.9	28.6	1.5	0.6	64	91	1.5	40.8	38.8	33.8	31.8	5600	7500
7212C	7212AC	60	110	22	22.4	60.8	1.5	0.6	69	101	1.5	44.8	42.8	37.8	35.5	5300	7000
7213C	7213AC	65	120	23	24.2	33.5	1.5	0.6	74	111	1.5	53.8	51.2	46.0	43.2	4800	6300
7214C	7214AC	70	125	24	25.3	35.1	1.5	0.6	79	116	1.5	56.0	53.2	49.2	46.2	4500	6700
7304C	7304AC	20	52	15	11.3	16.8	1.1	0.6	27	45	1	14.2	13.8	9.68	9.10	12000	17000
7305C	7305AC	25	62	17	13.1	19.1	1.1	0.6	32	55	1	21.5	20.8	15.8	14.8	9500	14000
7306C	7306AC	30	72	19	15	22.2	1.1	0.6	37	65	1	26.2	25.2	19.8	18.5	8500	12000
7307C	7307AC	35	80	21	16.6	24.5	1.5	0.6	44	71	1.5	34.2	32.8	26.8	24.8	7500	10000
7308C	7308AC	40	90	23	18.5	27.5	1.5	0.6	49	81	1.5	40.2	38.5	32.3	30.5	6700	9000
7309C	7309AC	45	100	25	20.2	30.2	1.5	0.6	54	91	1.5	49.2	47.5	39.8	37.2	6000	8000
7310C	7310AC	50	110	27	22	33	2	1	60	100	2	58.5	55.5	47.2	44.5	5600	7500
7311C	7311AC	55	120	29	23.8	35.8	2	1	65	110	2	70.5	67.2	60.5	56.8	5000	6700
7312C	7312AC	60	130	31	25.6	38.7	2.1	1.1	72	118	2.1	80.5	77.8	70.2	65.8	4800	6300
7313C	7313AC	65	140	33	27.4	41.5	2.1	1.1	77	128	2.1	91.5	89.8	80.5	75.5	4300	5600
7314C	7314AC	70	150	35	29.2	44.3	2.1	1.1	82	138	2.1	102	98.5	91.5	86.0	4000	5300
	7406AC	30	90	23		26.1	1.5	0.6	39	81	1		42.5		32.2	7500	10000
	7407AC	35	100	25		29	1.5	0.6	44	91	1.5		53.8		42.5	6300	8500
	7408AC	40	110	27		31.8	2	1	50	100	2		62.0		49.5	6000	8000
	7409AC	45	120	29		34.6	2	1	55	110	2		66.8		52.8	5300	7000
	7410AC	50	130	31		37.4	2.1	1.1	62	118	2.1		76.5		64.2	5000	6700
	7412AC	60	150	35		43.1	2.1	1.1	72	138	2.1		102		90.8	4300	5600
	7414AC	70	180	42		51.5	3	1.1	84	166	2.5		125		125	3600	4800
	7416AC	80	200	48		58.1	3	1.1	94	186	2.5		152		162	3200	4300
	7418AC	90	215	54		64.8	4	1.5	108	197	3		178		205	2800	3600

12.2　滚子轴承

圆锥滚子轴承见表 12-3。

表 12-3　圆锥滚子轴承(摘自 GB/T 297—1994)

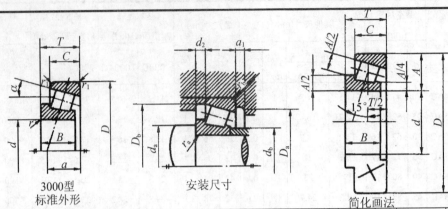

3000型
标准外形

安装尺寸

简化画法

轴承型号	基本尺寸(mm)					其他尺寸(mm)			安装尺寸(mm)								e	Y	Y_0	基本额定负荷(kN)		极限转速(r/min)	
	d	D	T	B	C	$a≈$	r_s min	r_{1s} min	d_a min	d_b max	D_a max	D_b min	a_1 min	a_2 min	r_{as} max	r_{1as} max				C_r	C_{or}	脂润滑	油润滑
30203	17	40	13.25	12	11	9.8	1	1	23	23	34	37	2	2.5	1	1	0.35	1.7	1	19.8	13.2	9000	12000
30204	20	47	15.25	14	12	11.2	1	1	26	27	41	43	2	3.5	1	1	0.35	1.7	1	26.8	18.2	8000	10000
30205	25	52	16.25	15	13	12.6	1	1	31	31	46	48	2	3.5	1	1	0.37	1.6	0.9	32.2	23	7000	9000
30206	30	62	17.25	16	14	13.8	1	1	36	37	56	58	2	3.5	1	1	0.37	1.6	0.9	41.2	29.5	6000	7500
30207	35	72	18.25	17	15	15.3	1.5	1.5	42	44	65	67	3	3.5	1.5	1.5	0.37	1.6	0.9	51.5	37.2	5300	6700
30208	40	80	19.75	18	16	16.9	1.5	1.5	47	49	73	75	3	4	1.5	1.5	0.37	1.6	0.9	59.8	42.8	5000	6300
30209	45	85	20.75	19	16	18.6	1.5	1.5	52	53	78	80	3	5	1.5	1.5	0.4	1.5	0.8	64.2	47.8	4500	5600
30210	50	90	21.75	20	17	20	1.5	1.5	57	57	83	86	3	5	1.5	1.5	0.42	1.4	0.8	72.2	55.2	4300	5300
30211	55	100	22.75	21	18	21	2	1.5	64	64	91	95	4	5	2	1.5	0.4	1.5	0.8	86.5	65.5	3800	4800
30212	60	110	23.75	22	19	22.4	2	1.5	69	69	101	103	4	5	2	1.5	0.4	1.5	0.8	97.8	74.5	3600	4500
30213	65	120	24.25	23	20	24	2	1.5	74	77	111	114	4	5	2	1.5	0.4	1.5	0.8	112	86.2	3200	4000
30214	70	125	26.25	24	21	25.9	2	1.5	79	81	116	119	4	5.5	2	1.5	0.42	1.4	0.8	125	97.5	3000	3800
30303	17	47	15.25	14	12	10	1	1	23	25	41	43	3	3.5	1	1	0.29	2.1	1.2	26.8	17.2	8500	11000
30304	20	52	16.25	15	13	11	1.5	1.5	27	28	45	48	3	3.5	1.5	1.5	0.3	2	1.1	31.5	20.8	7500	9500
30305	25	62	18.25	17	15	13	1.5	1.5	32	34	55	58	3	3.5	1.5	1.5	0.3	2	1.1	44.8	30	6300	8000
30306	30	72	20.75	19	16	15	1.5	1.5	37	40	65	66	3	5	1.5	1.5	0.31	1.9	1	55.8	38.5	5600	7000
30307	35	80	22.75	21	18	17	2	1.5	44	45	71	74	3	5	2	1.5	0.31	1.9	1	71.2	50.2	5000	6300
30308	40	90	25.25	23	20	19.5	2	1.5	49	52	81	84	3	5.5	2	1.5	0.35	1.7	1	86.2	63.8	4500	5600
30309	45	100	27.25	25	22	21.5	2	1.5	54	59	91	94	3	5.5	2	1.5	0.35	1.7	1	102	76.2	4000	5000
30310	50	110	29.25	27	23	23	2.5	2	60	65	100	103	4	6.5	2.1	2	0.35	1.7	1	122	92.5	3800	4800
30311	55	120	31.5	29	25	25	2.5	2	65	70	110	112	4	6.5	2.1	2	0.35	1.7	1	145	112	3400	4300
30312	60	130	33.5	31	26	26.5	3	2.5	72	76	118	121	5	7.5	2.5	2.1	0.35	1.7	1	162	125	3200	4000
30313	65	140	36	33	28	29	3	2.5	77	83	128	131	5	8	2.5	2.1	0.35	1.7	1	185	142	2800	3600
30314	70	150	38	35	30	30.6	3	2.5	82	89	138	141	5	8	2.5	2.1	0.35	1.7	1	208	162	2600	3400
32206	30	62	21.25	20	17	15.4	1	1	36	36	56	58	3	4.5	1	1	0.37	1.6	0.9	49.2	37.2	6000	7500

续表

轴承型号	基本尺寸(mm)					其他尺寸(mm)			安装尺寸(mm)									e	Y	Y₀	基本额定负荷(kN)		极限转速(r/min)	
	d	D	T	B	C	a≈	r_s min	r_{1s} min	d_a min	d_b max	D_a max	D_b min	a_1 min	a_2 min	r_{as} max	r_{1as} max		e	Y	Y₀	C_r	C_{or}	脂润滑	油润滑
32207	35	72	24.25	23	19	17.6	1.5	1.5	42	42	65	68	3	5.5	1.5	1.5	0.37	1.6	0.9	67.5	52.5	5300	6700
32208	40	80	24.75	23	19	19	1.5	1.5	47	48	73	75	3	6	1..5	1.5	0.37	1.6	0.9	74.2	56.8	5000	6300
32209	45	85	24.75	23	19	20	1.5	1.5	52	53	78	81	3	6	1.5	1.5	0.4	1.5	0.8	79.5	62.8	4500	5600
32210	50	90	24.75	23	19	21	1.5	1.5	57	57	83	86	3	6	1.5	1.5	0.42	1.4	0.8	84.8	68	4300	5300
32211	55	100	26.75	25	21	22.5	2	1.5	64	62	91	96	4	6	2	1.5	0.4	1.5	0.8	102	81.5	3800	4800
32212	60	110	29.75	28	24	24.9	2	1.5	69	68	101	105	4	6	2	1.5	0.4	1.5	0.8	125	102	3600	4500
32213	65	120	32.75	31	27	27.2	2	1.5	74	75	111	115	4	6	2	1.5	0.4	1.5	0.8	152	125	3200	4000
32214	70	125	33.25	31	27	27.9	2	1.5	79	79	116	120	4	6.5	2	1.5	0.42	1.4	0.8	158	135	3000	3800
32303	17	47	20.25	19	16	12	1	1	23	24	41	43	3	4.5	1	1	0.29	2.1	1.2	33.5	23	8500	11000
32304	20	52	22.25	21	18	13.4	1.5	1.5	27	26	45	48	3	4.5	1.5	1.5	0.3	2	1.1	40.8	28.8	7500	9500
32305	25	62	25.25	24	20	15.5	1.5	1.5	32	32	55	58	3	5.5	1.5	1.5	0.3	2	1.1	58.5	42.5	6300	8000
32306	30	72	28.75	27	23	18.8	1.5	1.5	37	38	65	66	4	6	1.5	1.5	0.31	1.9	1	77.5	58.8	5600	7000
32307	35	80	32.75	31	25	20.5	1.5	1.5	44	43	71	74	4	8	2	1.5	0.31	1.9	1	93.8	72.2	5000	6300
32308	40	90	35.25	33	27	23.4	1.5	1.5	49	49	81	83	4	8.5	2	1.5	0.35	1.7	1	110	87.8	4500	5600
32309	45	100	38.25	36	30	25.6	1.5	1.5	54	56	91	93	4	8.5	2	1.5	0.35	1.7	1	138	111.8	4000	5000
32310	50	110	42.25	40	33	28	2	2	60	61	100	102	5	9.5	2.1	2	0.35	1.7	1	168	140	3800	4800
32311	55	120	45.5	43	35	30.6	2	2	65	66	110	111	5	10.5	2.1	2	0.35	1.7	1	192	162	3400	4300
32312	60	130	48.5	46	37	32	2.5	2.5	72	72	118	122	6	11.5	2.5	2.1	0.35	1.7	1	215	180	3200	4000
32313	65	140	51	48	39	34	2.5	2.5	77	79	128	131	6	12	2.5	2.1	0.35	1.7	1	245	208	2800	3600
32314	70	150	54	51	42	36.5	2.5	2.5	82	84	138	141	6	12	2.5	2.1	0.35	1.7	1	285	242	2600	3400

第13章 联 轴 器

13.1 凸缘联轴器

凸缘联轴器如表 13-1 所示。

表 13-1 凸缘联轴器(摘自 GB/T 5843—2003)　　　　　　　　　　　　单位：mm

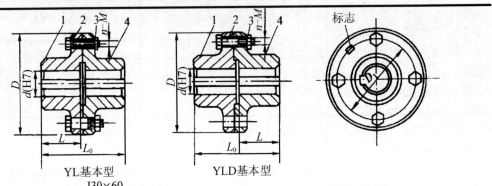

YL基本型　　　　　　YLD基本型

标记示例：YL3 联轴器 $\dfrac{J30\times60}{J_1B28\times44}$ GB5843—86

主动端：J 型轴孔，A 型键槽，$d=30$mm，$L=60$mm
从动端：J_1 型轴孔，B 型键槽，$d=28$mm，$L=44$mm

1，4—半联轴器帽
2—螺栓
3—尼龙锁紧螺母(GB/T 889—1986)

型号	公称转矩 T	许用转速 n_p		轴孔直径 D(H7)		轴孔长度 L		D	D_1	螺 栓		L_0		转动惯量 J	重量
		铁	钢	铁	钢	Y 型	J、J_1型			数量 n	直径 M	Y 型	J、J_1型		
	N·m	r/min		mm								mm		kg·m²	kg
YL3 YLD3	25	6400	10000	14		32	27	90	69	3 (3)	M8	68	58	0.0060	1.99
				16、18、19		42	30					88	64		
				20、22	20、22、24	52	38					108	80		
				—	25	62	44					128	92		
YL4 YLD4	40	5700	9500	18、19		42	30	100	80			88	64	0.0093	2.47
				20、22、24		52	38					108	80		
				25	25、28	62	44					128	92		
YL5 YLD5	63	5500	9000	22、24		52	38	105	85	4 (4)		108	80	0.013	3.19
				25、28		62	44					128	92		
				30	30、32	82	60					168	124		
YL6 YLD6	100	5200	8000	24		52	38	110	90	4 (4)		108	80	0.017	3.99
				25、28		62	44					128	92		
				30、32	30、32、35	82	60					168	124		
YL7 YLD7	160	4800	7600	28		62	44	120	95	4 (3)	M10	128	92	0.029	5.66
				30、32、35、38		82	60					168	124		
				—	40	112	82					228	172		

续表

型号	公称转矩 T	许用转速 n_p		轴孔直径 D(H7)		轴孔长度 L		D	D_1	螺栓		L_0		转动惯量 J	重量
		铁	钢	铁	钢	Y型	J、J_1型			数量 n	直径 M	Y型	J、J_1型		
	N·m	r/min		mm								mm		kg·m²	kg
YL8 YLD8	250	4300	7000	32、35、38		82	60	130	105			169	125	0.043	7.29
				40、42	40、42、45	112	84					229	173		
YL9 YLD9	400	4100	6800	38		82	60	140	115	6 (3)		169	125	0.064	9.53
				40、42、45											
				48	48、50	112	84					229	173		
YL10 YLD10	630	3600	6000	45、48、45				160	130	6 (4)	M12			0.112	12.46
				55	55、56										
				—	60	142	107					289	219		

注：1. 内的轴孔直径仅适用于钢制联轴器；
    2. 括号内的螺栓数量为铰制孔用螺栓数量。

13.2　弹性套柱销联轴器

弹性套柱销联轴器如表 13-2 所示。

表 13-2　弹性套柱销联轴器(摘自 GB/T 4323—1984)　　单位：mm

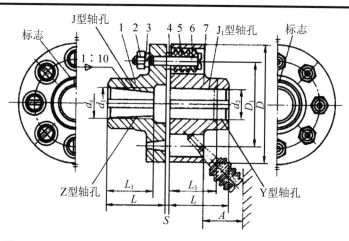

工作温度：−20~70℃

标记示例：LT3 弹性套柱销联轴器 $\frac{ZC16\times30}{J_1B18\times30}$ GB/T4323—1984

主动端：Z 型轴孔、C 型键槽，d_z=16mm,L_1=30mm
从动端：J_1 型轴孔、B 型键槽，d_2=18mm,L=30mm

1，7—半联轴器　　2—螺母
3—弹簧垫圈　　4—档圈
5—弹性套　　6—柱销

续表

型号	许用转矩 T (N·m)	许用转速 n 铁 (r/min)	钢	轴孔直径 d_1、d_2、d_z 铁 (mm)	钢	轴孔长度 Y型 L (mm)	J、J_1、Z型 L (mm)	L_1 (mm)	L 推荐 (mm)	D (mm)	b (mm)	S (mm)	A≤ (mm)	重量 (kg)	转动惯量 J (kg·m²)
LT3	31.5	4700	6300	16、18、19	16、18、19	42	30	42	38	95	23	4	35	1.96964	0.00216
				20	20、22	52	38	52							
LT4	63	4200	5700	20、22、24	—	52	38	52	40	106	23	4	35	2.45319	0.00336
				—	25、28	62	44	62							
LT5	125	3600	4600	25、28	25、28	62	44	62	50	130	23	4	35	5.30237	0.01099
				30、32	30、32、35	62	44	62							
LT6	250	3300	3800	32、35、38	32、35、38	82	60	82	55	160	23	4	35	8.37966	0.02552
				40	40、42	82	60	82							
LT7	500	2800	3600	40、42、45	40、42、45、48	82	60	82	65	190	38	5	45	12.1774	0.05091
				45	48	82	60	82							
LT8	710	2400	3000	45、48、50、55	45、48、50、55	112	84	112	70	224	38	5	45	19.7141	0.12084
				—	56	112	84	112							
					60、63	142	107	142							
LT9	1000	2100	2850	50、50、56	50、50、56	112	84	112	80	250	48	6	65	25.7532	0.19045
				60、63	60、63	142	107	142							
				—	65、70、71	142	107	142							
TL10	2000	1700	2300	63、65、70、71、75	63、65、70、71、75	142	107	142	100	315	58	8	80	50.3517	0.57998
				80、85	80、85、90、95	172	132	172							

注：1. 半联轴器材料：ZG270—500，35 钢或 HT200。

2. 短时过载不得超过许用转矩值的 2 倍。

3. 轴孔型式及长度 L、L_1 可根据需要选取。

4. 弹性套柱销联轴器的主要尺寸关系：

柱销中心分布圆直径 $D_1 = (15\sim16.5)\sqrt[3]{T_c}$

式中：T_c—联轴器的计算转矩(N·m)

联轴器的外径 $D = D_1 + (1.5\sim1.6)d_5$

或 $D = (3.5\sim4)d_1$

式中：d_1、d_5—轴孔直径和弹性套外径。

柱销数 $z = 2.8D_1/d_5$

弹性套外径 $d_5 = (0.22\sim0.35)d_1$ （d_5 图中未标出）

弹性套内径 $d_6 = 0.5d_5$ （d_6 图中未标出）

联轴器总长 $L_0 = (3.5\sim4)d_1$ （L_0 图中未标出）

13.3 弹性柱销联轴器

弹性柱销联轴器如表 13-3 所示。

表 13-3 弹性柱销联轴器(摘自 GB 5014—85)　　　　　　单位：mm

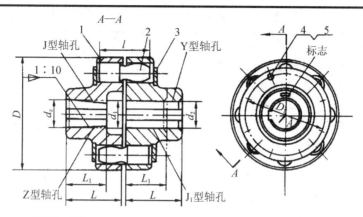

标记示例：HL7 联轴器 $\frac{ZC75×107}{JB70×107}$ GB5014—85

主动端：Z 型轴孔，C 型键槽，$d_z=75mm,L_1=107mm$

从动端：J 型轴孔，B 型键槽，$d_z=70mm,L_1=107mm$

1—半轴联轴　　2—柱销

3—挡板　　　　4—螺栓

5—垫

型号	许用转矩 $[T]$ (N·m)	许用转速 $[n]$ (r/min) 钢	许用转速 $[n]$ (r/min) 铁	轴孔直径 d_1、d_2、d_z	轴孔长度 Y 型 L	轴孔长度 J、J_1、Z 型 L_1	轴孔长度 J、J_1、Z 型 L	D	D_3	l
HL2	315	5600	5600	20、22、24	52	38	52	120	20	56
				25、28	62	44	62			
				30、32、(35)	82	60	82			
HL3	630	5000	5000	30、32、35、38	82	60	82	160		72
				40、42、(45)、(48)	112	84	112			
HL4	1250	4000	2800	40、42、45、48、50、55、56	112	84	112	195	30	90
				(60)、(63)	142	107	142			
HL5	2000	3550	2500	50、55、56、60、63、65、70、(71)、(75)	142	107	142	220		
HL6	3150	2800	2100	60、63、65、70、71、75、78	142	107	142	280	40	112
				(85)	172	132	172			
HL7	6300	2240	1700	70、71、75	142	107	142	320		
				80、85、90、95	172	132	172			
HL8	10000	2120	1600	100、(110)	212	167	212	360		
				80、85、90、95	172	132	172			
				100、110、(120)、(125)	212	167	212			
HL9	16000	1800	1250	100、110、120、125	212	167	212	410	50	127
				130、(140)	252	202	252			
HL10	25000	1560	1120	110、120、125	212	167	212	480	60	152
				130、140、150	252	202	252			
				160、(170)、(180)	302	242	302			

型号	许用转矩 [T] (N·m)	许用转速 [n] (r/min)		轴孔直径 d_1、d_2、d_z	轴孔长度			D	D_3	I
		钢	铁		Y 型	J、J_1、Z 型				
					L	L_1	L			
HL11	31500	1320	1000	130、140、150	252	202	252	540		
				160、170、180	302	242	302			
				190、(200)、(220)	352	282	352			

注：1. 最小型号为 HL1，最大型号为 HL14，详见 GB 5014—85。

2. 带制动轮的弹性柱销联轴器 HLL 型可参阅 GB 5014—85。

3. 轴孔直径括号内数值仅用于钢制半联轴器。

4. 轴孔型式及长度 L、L1 可根据需要选取。

5. 弹性柱销联轴器的主要尺寸关系：

柱销中心分布圆直径 $D1 = 15 \sim 16.5\sqrt[3]{T_c}$

式中：Tc—联轴器的计算转矩(N·m)

柱销直径 $d3 = (0.1 \sim 0.14)D1$　　($d3$ 图中未标出)

柱销长度 $l = 2d3$

柱销数 $z = 6 \sim 16$

第14章 润滑和密封

14.1 润 滑 剂

表 14-1 所示为常用润滑油的性质和用途。表 14-2 所示为常用润滑脂的性质和用途。

表 14-1 常用润滑油的性质和用途

名 称	牌号	运动粘度/(mm²·s⁻¹)		闪点(开口)不低于(℃)	凝点不高于 ℃/(℃)	主要用途
		40℃	50℃			
LAN 全损耗系统用油 (GB 443—1989)	10	9.00～11.00	6.65～7.99	130		用于高速轻载机械轴承的润滑与冷却
	15	13.5`16.5	9.62～11.5	150		用于小型机床齿轮箱、传动装置轴承、中小型电动机等
	22	19.8～24.2	13.6～16.3			
	32	28.8～35.2	19.0～22.6			主要用在一般机床齿轮变速、中小型机床导轨及 100kW 以上电动机轴承
	46	41.4～50.6	26.1～31.3	160		主要用在大型机床、刨床上
	68	61.2～74.8	37.1～44.4			主要用在低速重载机械及重型机床、锻压、铸工设备
	100	90.0～110	52.4～63.0	180		
	150	135～165	75.9～91.7			
L-CKC 工业闭式齿轮油 (GB 5903—1995)	68	61.2～74.8	37.1～44.4	180	-8	适用于齿面接触应力小于 1.1×10^8Pa 的齿轮润滑,如冶金、矿山、化纤、化肥等工业的闭式齿轮装置
	100	90～100	52.4～63.0			
	150	135～165	75.9～97.1	200		
	220	198～242	108～129			
	320	288～352	151～182			
	460	414～506	210～252			
蜗轮蜗杆油 (SH 0094—1991)	220	198～242	108～129	200	-6	适用于滑动速度大,铜—钢蜗轮传动装置
	320	288～352	151～182			
	460	414～506	210～252	220		
	680	612～748	300～360			
	1000	900～1100	425～509			

表 14-2　常用润滑脂的性质和用途

名　称	稠度等级	滴点不低于	工作锥入度	特性与主要用途
钠基润滑脂 (GB/T 492—1989)	ZN-2 ZN-3	160 160	265～295 220～250	适合于温度在-10～110℃的一般中负荷机械设备的润滑，不适用与水相接触的润滑部位
钙钠基润滑脂 (SH/T 0368—1992)	1 2	120 135	250～290 200～240	耐溶、耐水、温度在 80～100℃(低温下不适用)，铁路机车和列车，小型电机和发电机以及其他高温轴承
石墨钙基润滑脂 (SH/T 0369—1992)	—	80	—	压延机人字齿轮、汽车弹簧，起重机齿轮转盘、矿山机械，绞车和钢丝绳等高载荷低转速粗糙机械
通用锂基润滑脂 (GB 7324—2010)	1 号 2 号 3 号	170 175 180	310～340 265～295 220～250	适用于工作温度-20～120℃范围内负荷机械设备的滚动轴承和滑动轴承及其他摩擦部位的润滑

14.2　润 滑 装 置

表 14-3　直通式压注油杯(摘自 JB/T 7940.1—1995)　　　　　　单位：mm

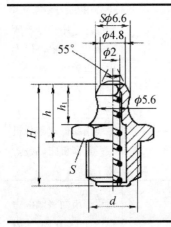

d	H	h	h_1	s	钢　球
M6	13	8	6	$8^{0}_{-0.22}$	
M8×1	16	9	6.5	$10^{0}_{-0.22}$	$S\phi 3$
M10×1	18	10	7	$11^{0}_{-0.22}$	

标记示例：油杯 M8×1 JB/T7940.1—1995

表 14-4　旋盖式油杯(摘自 JB/T 7940.3—1995)

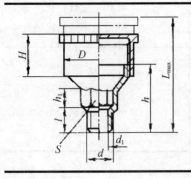

最小容量 (cm³)	尺寸(mm)								
	d	l	H	h	h_1	d_1	D	L_{max}	S
1.5	M8×1	8	14	22	7	3	16	33	10
3	M10×1	8	15	23	8	4	20	35	13
6	M10×1	8	17	26	8	4	26	40	13
12	M14×1.5	12	20	30	10	5	32	47	18

标记示例：油杯 A12 JB/T 7940.3—1995

14.3 密封标准件

密封标准件如下表 14-5～表 14-8 所示。

表 14-5 毡圈油封与槽的尺寸(摘自 JB/ZQ 4606—1997)　　　　单位：mm

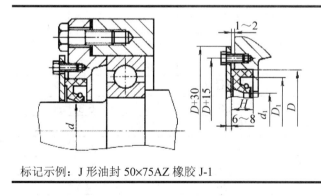

嵌入式

凸缘式

B=10～12(钢制端盖)

B=12～15(铸铁制端盖)

标记示例：轴径 d=40mm 的毡圈

毡圈 40 JB/ZQ 4606—1997

轴径 d	毡 圈			沟 槽		
	D	d_1	b_1	D_0	d_0	b
16	29	14	6	28	16	5
20	33	19		32	21	
25	39	24	7	38	26	6
30	45	29		44	31	
35	49	34		48	36	
40	53	39		52	41	
45	61	44	8	60	46	7
50	69	49		68	51	
55	74	53		72	56	
60	80	58		78	61	
65	84	63		85	66	
70	90	68		88	71	
75	94	73		92	77	
80	102	78	9	100	82	8
85	107	83		105	87	

表 14-6 J 形无骨架橡胶油封　　　　单位：mm

标记示例：J 形油封 50×75AZ 橡胶 J-1

轴　径	30～90
d	尺寸间隔 5
D	$d+25$
H	12
d_1	$d-1$
D_1	$D-9$

表 14-7 内包骨架旋转轴唇形密封圈(摘自 GB/T 13871.1—2007)   单位：mm

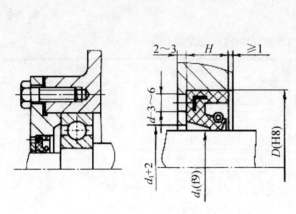

标记示例：B50×72×8 GB/T 13871.1—2017

轴径 d_1	D	H
20	35，40，(45)	7
22	35，40，47	
25	40，47，52	
28	40，47，52	
30	42，47，(50)，52	
32	45，47，52	
35	50，52，55	
38	55，58，62	
40	55，(60)，62	8
42	55，62，(65)	
45	62，65，(70)	
50	68，(70)，72	
52	72，75，80	
55	72，(75)，81	
60	80，85，(90)	
65	85，90，(95)	10

表 14-8 O 形橡胶密封圈(GB/T 3452.1—2005)   单位：mm

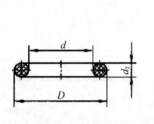 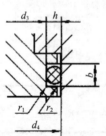

标记示例：内径 d=5.00mm，截面直径 d_2=1.8mm

O 形密封圈 5×1.8 GB/T 3452.1—2005

			沟槽尺寸		
d_2	$b_0^{+0.25}$	h	d_3 偏差	r_1	r_2
1.8	2.4	1.38	0 / −0.04	0.2～0.4	0.1～0.2
2.65	3.6	2.07	0 / −0.05	0.4～0.8	
3.55	4.8	2.74	0 / −0.06		
5.3	7.1	4.19	0 / −0.07	0.8～1.2	

内　径	截面直径 d_2		
	2.65	3.55	5.3
d	沟槽 d_4 min		
71	75.76	77.29	80.3
73	—	79.29	82.3
75	79.76	81.29	84.3
77.5	—	83.79	86.8
80	84.76	86.29	89.3
82.5	—	88.99	92.0

内 径	截面直径 d_2		
d	2.65	3.55	5.3
	沟槽 d_4 min		
85	89.96	91.49	94.5
87.5	—	93.99	97.0
90	94.96	96.49	99.5
92.5	—	98.99	102
95	99.96	101.49	104
97.5	—	103.99	—
100	104.96	106.49	109.5
103	—	109.49	112.5
106	110.96	112.49	115.5
109	—	116.49	118.5
112	116.96	118.49	121.5
115	—	121.49	124.5
118	122.96	124.49	127.5
122	—	128.74	131.75
125	130.21	131.74	134.75
128	—	134.74	137.75
132	137.21	138.74	141.75
136	—	142.74	145.75

第 15 章　渐开线圆柱齿轮精度

15.1　齿轮精度等级、公差与极限偏差项目

国标(GB/T10095.1—2008)对圆柱齿轮的精度规定了 0 级到 12 级共 13 个精度等级，第 0 级的精度最高，第 12 级的精度最低。

齿轮的精度等级应根据传动的用途、使用条件、传递的功率、圆周速度以及其他技术要求而定，同时要考虑加工工艺与经济性。

各类机械产品中的齿轮常用的精度等级范围如表 15-1 所示。

表 15-1　各类机械产品中的齿轮常用的精度等级范围

应用范围	精度等级	应用范围	精度等级
测量齿轮	2~5	载重汽车	6~9
透平齿轮	3~6	一般减速器	6~9
精密切削机床	3~7	拖拉机	6~10
航空发动机	4~8	起重机械	7~10
一般切削机床	5~8	轧钢机	6~10
内燃或电气机车	5~8	地质矿山绞车	7~10
轻型汽车	5~8	农业机械	8~11

4~9 级齿轮的切齿方法、应用范围及与传动平稳的精度等级相适应的齿轮圆周速度范围如表 15-2 所示。

表 15-2　4~9 级齿轮的切齿方法、应用范围及与传动平稳的精度等级相适应的齿轮圆周速度范围

精度等级		4 级	5 级	6 级	7 级	8 级	9 级
切齿方法		精密滚齿机床滚切，精密磨齿，对大齿轮可滚齿后研齿或剃齿	精密滚齿机床滚切，精密磨齿，对大齿轮可滚齿后研齿或剃齿	精密滚齿机床滚切，精密磨齿，对大齿轮可滚齿后研齿或剃齿，磨齿或精密剃齿	在较精密机床上滚齿、插齿、剃齿、磨齿、珩齿或研齿	滚齿，插齿、铣齿，必要时剃齿、珩齿或研齿	滚齿或成型刀具分度切齿，不要求精加工
应用范围		精密分度机械的齿轮，非常高速、要求平稳与无噪声的齿轮，高速透平齿轮，检查 7 级齿轮测量齿轮	精密分度机械的齿轮，高速并要求平稳、无噪声的齿轮，高速透平齿轮，检查 8、9 级齿轮	高速、平稳、无噪声高效齿轮，航空、汽车、机床中的重要齿轮，分度机构齿轮，读数机构齿轮	高速、小动力或反转的齿轮，金属切削机床中进给齿轮，航空齿轮，读数机构齿轮，具有一定速度的减速器齿轮	一般机器中普通齿轮，汽车、拖拉机减速器中一般齿轮，航空中不重要齿轮，农机中的重要齿轮	无精度要求的比较粗糙的齿轮
圆周速度(m/s)	直齿	<35	<20	<15	<10	<6	<2
	斜齿	<70	<40	<30	<15	<10	<4

精度项目的选用主要考虑精度级别、项目间的协调、生产批量和检测费用等因素，如表 15-3～表 15-6 所示。

精度等级较高的齿轮：应该选用同侧齿面的精度项目，如齿廓公差、齿距公差、齿线公差、切向综合公差等。

精度等级较低的齿轮：可以选用径向综合公差或径向跳动公差等双侧齿面的精度项目。

生产批量较大时，宜采用综合性项目，如切向综合公差和径向综合公差，以减少测量费用。

表 15-3　齿轮精度项目

项目名称		代 号	合格条件
位置	(单个) 齿距偏差 (单个) 齿距极限偏差	Δf_{pt} $\pm f_{pt}$	$-f_{pt} \leq \Delta f_{pt} \leq +f_{pt}$
	齿距累积总误差 齿距累积总公差	ΔF_p F_p	$\Delta F_p \leq F_p$
	齿距累积偏差 齿距累积极限偏差	ΔF_{pk} $\pm F_{pk}$	$-F_{pk} \leq \Delta F_{pk} \leq +F_{pk}$
形状	齿廓总误差 齿廓总公差	ΔF_α F_α	$\Delta F_\alpha \leq F_\alpha$
	齿廓形状误差 齿廓形状公差	$\Delta f_{f\alpha}$ $f_{f\alpha}$	$\Delta f_{f\alpha} \leq f_{f\alpha}$
	齿廓倾斜偏差 齿廓倾斜极限偏差	$\Delta f_{H\alpha}$ $\pm f_{H\alpha}$	$-f_{H\alpha} \leq \Delta f_{H\alpha} \leq +f_{H\alpha}$
方向	齿线(螺旋线)总误差 齿线(螺旋线)总公差	ΔF_β F_β	$\Delta F_\beta \leq F_\beta$
	齿线(螺旋线)形状误差 齿线(螺旋线)形状公差	$\Delta f_{f\beta}$ $f_{f\beta}$	$\Delta f_{f\beta} \leq f_{f\beta}$
	齿线(螺旋线)倾斜偏差 齿线(螺旋线)倾斜极限偏差	$\Delta f_{H\beta}$ $\pm f_{H\beta}$	$-f_{H\beta} \leq \Delta f_{H\beta} \leq +f_{H\beta}$
切向综合	切向综合总误差 切向综合总公差	$\Delta F_i'$ F_i'	$\Delta F_i' \leq F_i'$
	一齿切向综合总误差 一齿切向综合总公差	$\Delta f_i'$ f_i'	$\Delta f_i' \leq f_i'$
径向综合	径向综合总误差 径向综合总公差	$\Delta F_i''$ F_i''	$\Delta F_i'' \leq F_i''$
	一齿径向综合总误差 一齿径向综合总公差	$\Delta f_i''$ f_i''	$\Delta f_i'' \leq f_i''$
	齿圈径向跳动 齿圈径向跳动公差	ΔF_r F_r	$\Delta F_r \leq F_r$

表 15-4　齿轮安装精度项目

项　目		代　号	合格条件
中心距偏差 中心距极限偏差		Δf_α $\pm f_\alpha$	$-f_\alpha \leqslant \Delta f_\alpha \leqslant +f_\alpha$
公共平面内	轴线平行度误差 轴线平行度公差	$\Delta f_{\Sigma\delta}$ $\pm f_{\Sigma\delta}$	$-f_{\Sigma\delta} \leqslant \Delta f_{\Sigma\delta} \leqslant +f_{\Sigma\delta}$
垂直平面内	轴线平行度误差 轴线平行度公差	$\Delta f_{\Sigma\beta}$ $\pm f_{\Sigma\beta}$	$-f_{\Sigma\beta} \leqslant \Delta f_{\Sigma\beta} \leqslant +f_{\Sigma\beta}$

表 15-5　各精度项目与齿轮传动功能要求的关系

齿轮传动功能要求	精度项目	
	名　称	代　号
传动精度	齿距累积总公差	F_p
	齿距累积极限偏差	$\pm F_{pk}$
	切向综合总公差	F_i'
	径向综合总公差	F_i''
	(齿圈)径向跳动公差	F_r
传动平稳	齿廓总公差	F_α
	齿廓形状公差	$f_{f\alpha}$
	齿廓倾斜极限偏差	$\pm f_{H\alpha}$
	(单个)齿距极限偏差	$\pm f_{pt}$
	一齿切向综合公差	f_i'
	一齿径向综合公差	f_i''
承载能力	齿线(螺旋线)总公差	F_β
	齿线(螺旋线)形状公差	$\pm f_{f\beta}$
	齿线(螺旋线)倾斜极限偏差	$\pm f_{H\beta}$

表 15-6　各类齿轮推荐选用的精度项目组合

用　途		分度、读数	航空、汽车、机车		拖拉机、减速器、农用机械	透平机、轧钢机	
精度等级		3～5	4～6	6～8	7～12	3～6	6～8
功能要求	传动精度	F_i' 或 F_p	F_i' 或 F_p	F_r 或 F_i''	F_r 或 F_i''	F_p	
	传动平稳	f_i' 或 F_α 与 $\pm f_{pt}$	f_i' 或 F_α 与 $\pm f_{pt}$	f_i''	$\pm f_{pt}$	F_α 与 $\pm f_{pt}$	$\pm f_{pt}$
	承载能力	F_β					

说明：1. 必须指出，在齿轮精度设计时，如果 GB/T 10095.1—2008 中某个精度项目给出了某级精度而无其他规定时，则该齿轮的同侧齿面的各精度项目(齿廓 F_α，齿距 F_p、$\pm f_{pt}$、$\pm F_{pk}$，齿线 F_β 等)均按该精度等级确定其公差或极限偏差值。

2. GB/T 10095.1—2008 还规定，根据供需双方的协议，齿轮的工作齿面和非工作齿面可以给出不同的精度等级。也可以只给出工作齿面的精度等级，而不对非工作齿面提出精度要求。

3. 此外，GB/T 10095.2—2008 规定的径向综合公差(F_i''、f_i'')和径向跳动公差(F_r)不一定要选用与 GB/T 10095.1—2008 规定的同侧齿面的精度项目相同的精度等级。因此，在技术文件中说明齿轮精度等级时，应注明标准编号。

公差或极限偏差数值如表 15-7、表 15-8 所示。

表 15-7 齿轮的 F_p、$\pm f_{pt}$ 和 f_a 值(摘自 GB/T 10095.1—2008)

分度圆直径 d (mm)	法向模数 m_n (mm)	精度等级											
		7	8	9	10	7	8	9	10	7	8	9	10
		F_p				$\pm f_{pt}$				f_a			
$50 < d \leqslant 125$	$0.5 < m_n \leqslant 2$	37	52	74	104	11	15	21	30	12	17	23	33
	$2 < m_n \leqslant 3.5$	38	53	76	107	12	17	23	33	16	22	31	44
	$3.5 < m_n \leqslant 6$	39	55	78	110	13	18	26	36	19	27	38	54
$125 < d \leqslant 280$	$0.5 < m_n \leqslant 2$	49	69	98	138	12	17	24	34	14	20	28	39
	$2 < m_n \leqslant 3.5$	50	70	100	141	13	18	26	36	18	25	36	50
	$3.5 < m_n \leqslant 6$	51	72	102	144	14	20	28	40	21	30	42	60
$280 < d \leqslant 560$	$0.5 < m_n \leqslant 2$	64	91	129	182	13	19	27	38	17	23	33	47
	$2 < m_n \leqslant 3.5$	65	92	131	185	14	20	29	41	21	29	41	58
	$3.5 < m_n \leqslant 6$	66	94	133	188	16	22	31	44	24	34	48	67

表 15-8 齿轮螺旋线总偏差 F_β 和径向跳动公差 F_r 值(摘自 GB/T 10095.1~2—2008)

分度圆直径 d (mm)	法向模数 b (mm)	精度等级				法向模数 m_n (mm)	精度等级			
		7	8	9	10		7	8	9	10
		F_β					F_r			
$50 < d \leqslant 125$	$20 < b \leqslant 40$	17	24	34	48	$0.5 < m_n \leqslant 2$	29	42	59	83
	$40 < b \leqslant 80$	20	28	39	56	$2 < m_n \leqslant 3.5$	30	43	61	86
						$3.5 < m_n \leqslant 6$	31	44	62	88
$125 < d \leqslant 280$	$20 < b \leqslant 40$	18	25	36	50	$0.5 < m_n \leqslant 2$	39	55	78	110
	$40 < b \leqslant 80$	21	29	41	58	$2 < m_n \leqslant 3.5$	40	56	80	113
						$3.5 < m_n \leqslant 6$	41	58	82	115
$280 < d \leqslant 560$	$20 < b \leqslant 40$	19	27	38	54	$0.5 < m_n \leqslant 2$	51	73	103	146
	$40 < b \leqslant 80$	22	31	44	62	$2 < m_n \leqslant 3.5$	52	74	105	148
	$80 < b \leqslant 160$	26	36	52	73	$3.5 < m_n \leqslant 6$	53	75	106	150

15.2 齿轮副的侧隙选用

为保证齿轮工作时非工作齿面间有适当的侧隙,应规定齿轮的齿厚及其极限偏差或公法线长度及其极限偏差,如表 15-9～表 15-13 所示。

表 15-9　标准齿轮弦齿厚及其极限偏差

分度圆弦齿厚	$s_{nc} = m_n z \sin\left(\dfrac{\pi}{2z}\right)$	
分度圆弦齿高	$h_c = \dfrac{d_a}{2} - \dfrac{m_n z}{2}\cos\left(\dfrac{\pi}{2z}\right)$	
齿厚上偏差	$E_{sns} = -\left(\dfrac{j_{bn\min} + j_n}{2\cos\alpha} + f_a \tan\alpha\right)$ $j_{bn\min}$——对于中、大规模齿轮最小法向侧隙的推荐值 $j_{bn} = \sqrt{1.76 f_{pt2}^2 + \left[2 + 0.34\left(L/b\right)^2\right]F_{\beta2}^2}$ 式中：f_{pt2}、$F_{\beta2}$——大齿轮的单个齿距极限偏差和螺旋线总偏差 　　　　L、b——箱体轴承孔跨距和齿轮齿宽； 　　　　f_a——中心距极限偏差的绝对值	
齿厚下偏差	$E_{sni} = E_{sns} - T_{sn}$ T_{sn}——齿厚公差，$T_{sn} = \sqrt{F_r^2 + b_r^2} \times 2\tan\alpha$ b_r——径向进刀公差 F_r——径向跳动公差	

表 15-10　对于中、大规模齿轮最小法向侧隙 $j_{bn\min}$ 的推荐值(GB/Z 18620.2—2008)

法向模数 m_n	中心距				
	>50	>100	>200	>400	>800
1.5	0.09	0.11	—	—	—
2	0.10	0.12	0.15	—	—
3	0.12	0.14	0.17	0.24	—
5	—	0.18	0.21	0.28	—
8	—	0.24	0.27	0.34	0.47
12	—	—	0.35	0.42	0.55

表 15-11　标准齿轮公法线长度及其极限偏差

公法线长度公称值	$W_k = m_n \cos\alpha_n \left[\pi\left(k - 0.5\right) + z' \mathrm{inv}\,\alpha_n\right]$ 式中：$k = \dfrac{z'}{9} + 0.5$ $z' = z\dfrac{\mathrm{inv}\,\alpha_t}{\mathrm{inv}\,\alpha_n}$ $\mathrm{inv}\,\alpha = \tan\alpha - \alpha$　　$\mathrm{inv}\,20° = 0.014904$ $\alpha_t = \arctan\left(\dfrac{\tan\alpha_n}{\cos\beta}\right)$
公法线长度上偏差	$E_{bns} = E_{sns}\cos\alpha_n$
公法线长度下偏差	$E_{bni} = E_{sni}\cos\alpha_n$

表 15-12　齿轮副中心距极限偏差 $\pm f_a$(摘自 GB/T 10095.1—1988)

齿轮副中心距 a(mm)	齿轮精度等级		
	5，6	7，8	9,10
$80 < d \leqslant 120$	±17.5	±27	±43.5
$120 < d \leqslant 180$	±20	±31.5	±50
$180 < d \leqslant 250$	±23	±36	±57.5
$250 < d \leqslant 315$	±26	±40.5	±65

表 15-13　渐开线圆柱齿轮的径向进刀公差 b_r 的推荐值

切齿方法	精度等级	b_r
磨	4	1.26IT7
	5	IT8
	6	1.26IT8
滚、插	7	IT9
	8	1.26IT9
铣	9	IT10

注：查 IT 值的主参数为分度圆直径尺寸。

15.3　齿坯精度

齿轮的齿坯公差如表 15-14 所示。

表 15-14　齿轮坯公差(摘自 GB/Z 18620.3—2008)

齿轮精度等级	6	7	8	9	10
齿轮基准孔尺寸公差	IT6	IT7		IT8	
齿轮轴轴颈尺寸公差	通常按滚动轴承的公差等级确定				
齿顶圆直径公差	IT8			IT9	
基准端面圆跳动公差	$0.2(D_d/b)F_\beta$，　D_d—基准端面直径，b—齿宽				
基准圆柱面圆跳动公差	$0.3F_p$，F_p—齿距累积总公差，见表 15-7				

齿轮副轴线平行度公差和齿轮装配后的接触斑点如表 15-15 和表 15-16 所示。

表 15-15　齿轮副轴线平行度公差 $f_{\Sigma\delta}$、$f_{\Sigma\beta}$(摘自 GB/Z 18620.3—2008)

轴线平面平行度公差	$f_{\Sigma\delta} = (L/b)F_\beta$	F_β—螺旋形总偏差
垂直平面平行度公差	$F_\beta = 0.5f_{\Sigma\delta} = 0.5(L/b)F_\beta$	L—箱体轴承孔跨距 b—齿轮齿宽

表 15-16　齿轮装配后的接触斑点(摘自 GB/Z 18620.4—2008)

精度等级	h_{c1}	b_{c1}	h_{c2}	b_{c2}
≤4	>70%h	>50%b	>50%h	>40%b
5、6	>50%h	>45%b	>30%h	>35%b
7、8	>50%h	>35%b	>30%h	>35%b
9、10、11、12	>50%h	>25%b	>30%h	>25%b

15.4　图　样　标　注

若齿轮的检验项目同为某一精度等级时，可标注精度等级和标准号。如齿轮检验项目同为 7 级，则标注为

$$7GB/ T\ 10095.1—2008$$
$$7GB/ T\ 10095.2—2008$$

若齿轮检验项目的精度等级不同时，如齿廓总误差 F_β 为 6 级，而齿距累积总误差 F_p 和齿线总误差 F_α 均为 7 级时，则标注为

$$6(F_\beta)、7(F_p、\ F_\alpha)GB/ T\ 10095.1—2008$$

第 16 章 锥齿轮精度

16.1 精度等级、精度项目的选择

国家标准 GB/T 11365—1989 规定锥齿轮及齿轮副有 12 个精度等级, 1 级精度最高, 12 级精度最低; 并根据对传动性能的影响, 把锥齿轮和齿轮副的公差项目分成三个公差组, 每个公差组分成若干检验组。根据使用要求, 允许各公差组选用不同的精度等级, 但对齿轮副中大、小齿轮的同一公差组, 应规定同一精度等级。锥齿轮的检验项目可根据齿轮的工作要求和精度等级, 在各公差组中任选一个检验组来评验。各检验项目的公差值和极限偏差值如表 16-1~表 16-6 所示。

表 16-1 锥齿轮及齿轮副公差组和检验项目

	检验项目	适用的精度等级
第 I 公差组	齿距累积公差 F_p	7~8
	齿圈跳动公差 F_r、轴交角综合公差 $F''_{i\Sigma c}$	7~12
第 II 公差组	齿距极限偏差 $\pm f_{pt}$、一齿轴交角综合公差 $F''_{i\Sigma c}$、齿圈轴向位移极限偏差 $\pm f_{AM}$	7~12
第 III 公差组	轴间距极限偏差 $\pm f_a$、接触斑点	7~12
齿轮毛坯	齿坯轮冠距和顶锥角极限偏差、齿坯顶锥母线跳动和基准端面跳动公差	

表 16-2 齿距累积公差 F_p 值　　　　　　　　　　　　　单位: μm

中点分度圆弧长 L(mm) ($L = \pi d_m / 2$)		>32~50	>50~80	>80~160	>160~315	>315~630
精度等级	6	22	25	32	45	63
	7	32	36	45	63	90
	8	45	50	63	90	125
	9	63	71	90	125	180

注: d_m 为齿宽中点分度圆直径。

表 16-3 锥齿轮的 F_r、$\pm f_{pt}$ 和齿轮副的 $F''_{i\Sigma c}$、$f''_{i\Sigma c}$ 单位：μm

中点分度圆直径(mm)	中点法向模数(mm)	精度等级											
		F_r		$\pm f_{pt}$				$F''_{i\Sigma c}$			$f''_{i\Sigma c}$		
		7	8	7	8	9	9	7	8	9	7	8	9
≤125	≥1~3.5	36	45	67	85	110	28	67	85	110	28	40	53
	>3.5~6.3	40	50	75	95	120	36	75	95	120	36	50	60
	>6.3~10	45	56	85	105	130	40	85	105	130	40	56	71
>125~400	≥1~3.5	50	63	100	125	160	32	100	125	160	32	45	60
	>3.5~6.3	56	71	105	130	170	40	105	130	170	40	56	67
	>6.3~10	63	80	120	150	180	45	120	150	180	45	63	80
>400~800	≥1~3.5	63	80	130	160	200	36	130	160	200	36	50	67
				140	170	220		140	170	220			
	>3.5~6.3	71	90	140	170	220	40	140	170	220	40	56	75
	>6.3~10	80	100	150	190	240	50	150	190	240	50	71	85

注： $F''_{i\Sigma} = 0.7 F''_{i\Sigma c}$；$f''_{i\Sigma} = 0.7 f''_{i\Sigma c}$。

表 16-4 锥齿轮接触斑点

精度等级	6~7	8~9
沿齿长方向	50%~70%	35%~65%
沿齿高方向	55%~75%	40%~70%

注：表中数值范围用于齿面修形的齿轮，对齿面不作修形的齿轮，接触斑点大小应不小于其平均值。

表 16-5 齿圈轴向位移极限偏差 $\pm f_{AM}$ 值 单位：μm

中点锥距(mm)		分锥角(°)		中点法向模数(mm)					
				≥1~3.5			>3.5~6.3		
				精度等级					
大于	至	大于	至	7	8	9	7	8	9
	50	—	20	20	28	40	11	16	22
		20	45	17	24	34	9.5	13	19
		45	—	71	10	14	4	5.6	8
50	100	—	20	67	95	140	38	53	75
		20	45	56	80	120	32	45	63
		45	—	24	34	48	13	17	26
100	200	—	20	150	200	300	80	120	160
		20	45	130	180	200	71	100	140
		45	—	53	75	105	30	40	60

注：表中数值用于 $\alpha = 20°$ 的非修形齿轮。

表 16-6　轴间距和轴交角的极限偏差值　　　　　　　　单位：μm

中点锥距(mm)		轴间距极限偏差 ±f_a			轴交角极限偏差 ±E_Σ				
		精度等级			小轮分锥角(°)		最小法向侧隙种类		
大于	至	7	8	9	大于	至	d	c	b
—	50	18	28	36	—	15	11	18	30
					15	25	16	26	42
					25	—	19	30	50
50	100	20	30	45	—	15	16	26	42
					15	25	19	30	50
					25	—	22	32	60
100	200	25	36	55	—	15	19	30	50
					15	25	26	45	71
					25	—	32	50	80

注：1. $\pm f_a$ 值用于无纵向修形的齿轮副。对于纵向修形的齿轮副，允许采用低一级的数值。

2. $\pm E_\Sigma$ 的公差带位置相对于零线可以不对称或取在一侧。

3. $\pm E_\Sigma$ 值用于 $\alpha = 20°$ 的正交齿轮副。

16.2　齿轮副侧隙

国家标准(GB/T 11365—1989)规定齿轮副的最小法向侧隙种类有 6 种：a、b、c、d、e 和 h。齿轮副法向侧隙公差种类为 5 种：A、B、C、D 和 H。

最小法向侧隙种类的确定一般用类比法，也可以由锥齿轮当量圆柱齿轮的参数、按圆柱齿轮最小极限侧隙的计算方法计算。最小法向侧隙种类确定之后，最小法向侧隙 $j_{n\min}$ 值由表 16-7 查取。

最大法向侧隙 $j_{n\max}$ 由下式计算：

$$j_{n\max} = \left(\left| E_{ss1} + E_{ss2} \right| + T_{s1} + T_{s2} + E_{s\Delta1} + E_{s\Delta2} \right) \cos \alpha_n$$

式中：齿厚上偏差 E_s 按表 16-8 查取；E_{sA} 为制造误差的补偿部分，按表 16-9 查取；齿厚公差 T_s 按表 16-10 取值。

表 16-7　最小法向侧隙 $j_{n\min}$ 值　　　　　　　　　　单位：μm

中点锥距(mm)		小轮分锥角(°)		最小法向侧隙种类					
大于	至	大于	至	h	e	d	c	b	a
	50	—	15	0	15	22	36	58	90
		15	25	0	21	33	52	84	130
		25	—	0	25	39	62	100	160
50	100	—	15	0	21	33	52	84	130
		15	25	0	25	39	62	100	160
		25	—	0	30	46	74	120	190
100	200	—	15	0	25	39	62	100	160
		15	25	0	35	54	87	140	220
		25	—	0	40	63	100	160	250

中点锥距/mm		小轮分锥角/(°)		最小法向侧隙种类					
大于	至	大于	至	h	e	d	c	b	a
200	400	—	15	0	30	46	74	120	190
		15	25	0	46	72	115	185	290
		25	—	0	52	81	130	210	320
400	800	—	15	0	40	63	100	160	250
		15	25	0	57	89	140	230	360
		25	—	0	70	110	175	280	440

注：1. 正交齿轮副按中点锥距 R 查表。非正交齿轮副按下式算出的 R' 查表：$R' = R(\sin 2\delta_1 + \sin 2\delta_2)/2$，

式中 δ_1 和 δ_2 分别为大、小齿轮的分锥角。

2. 准双曲面齿轮副按大轮中点锥距查表

表 16-8　齿厚上偏差 E_{ss} 值　　　　　　　单位：μm

中点法向模数(mm)	中点分度圆直径(mm)											
	≤125			>125~400			>400~800			>800~1600		
	分锥角(°)											
	≤20	>20~45	>45	≤20	>20~45	>45	≤20	>20~45	>45	≤20	>20~45	>45
≥1~3.5	-20	-20	-22	-28	-32	-30	-36	-50	-45	—	—	—
>3.5~6.3	-22	-22	-25	-32	-32	-30	-38	-55	-45	-75	-85	-80
>6.3~10	-25	-25	-28	-36	-36	-34	-40	-55	-50	-80	-90	-85

最小法向侧隙种类		h		e		d		c		b		a
第Ⅱ公差组精度等级	7	1.0		1.6		2.0		2.7		3.8		5.5
	8	—		—		2.2		3.0		4.2		6.0
	9	—		—		—		3.2		4.6		6.6

注：1. 各最小法向侧隙种类和各精度等级齿轮的 E_{ss} 值，是由基本值栏查出的数值再乘以系数得出的。

2. 允许把大、小齿厚上偏差(E_{ss1}、 E_{ss2})之和重新分配在两个齿轮上。

表 16-9　最大法向侧隙 $j_{n\max}$ 的制造误差补偿部分 E_{SA} 值　　　　　单位：μm

第Ⅱ公差组精度等级	中点法向模数(mm)	中点分度圆直径(mm)								
		≤125			>125~400			>400~800		
		分锥角(°)								
		≤20	>20~45	>45	≤20	>20~45	>45	≤20	>20~45	>45
7	≥1~3.5	20	20	22	28	32	30	36	50	45
	>3.5~6.3	22	25	25	32	32	30	38	55	45
	>6.3~10	25	25	28	36	36	34	40	55	50
8	≥1~3.5	22	22	24	30	36	32	42	60	50
	>3.5~6.3	24	24	28	36	36	32	42	60	50
	>6.3~10	28	28	30	40	40	38	45	60	55
9	≥1~3.5	24	24	25	32	38	36	45	65	55
	>3.5~6.3	25	25	30	38	38	36	45	65	55
	>6.3~10	30	30	32	45	45	40	48	65	60

表 16-10 齿厚公差 T_s 单位：μm

齿圈跳动公差 F_r 值		法向侧隙公差种类				
大于	至	H	D	C	B	A
32	40	42	55	70	85	110
40	50	50	65	80	100	130
50	60	60	75	95	120	150
60	80	70	90	110	130	180
80	100	90	110	140	170	220
100	125	110	130	170	200	260
125	160	130	160	200	250	320

16.3 齿坯检验与公差

锥齿坯零件图上要注明齿坯顶锥母线跳动公差、基准端面跳动公差、轴径或孔径尺寸公差、外径尺寸极限偏差、齿坯轮冠距和顶锥角极限偏差。其值可查表 16-11～表 16-13。

表 16-11 齿坯尺寸公差

精度等级	6	7	8	9
轴径尺寸公差	IT5	IT6		IT7
孔径尺寸公差	IT6	IT7		IT8
外径尺寸	0			0
极限偏差		−IT8		−IT9

表 16-12 齿坯轮冠距和顶锥角极限偏差

中点法向模数(mm)	轮冠距极限偏差(μm)	顶锥角极限偏差(′)
≤1.2	0	+15
	−50	0
>1.2～10	0	+8
	−75	0
>10	0	+8
	−100	0

表 16-13 齿坯顶锥母线跳动和基准端面跳动公差   单位：μm

尺寸范围/mm		顶锥母线跳动公差			基准端面跳动公差		
		精度等级					
大于	至	5～6	7～8	9～12	5～6	7～8	9～12
—	30	15	25	50	6	10	15
30	50	20	30	60	8	12	20

续表

尺寸范围(mm)		顶锥母线跳动公差			基准端面跳动公差		
		精度等级					
大于	至	5～6	7～8	9～12	5～6	7～8	9～12
50	120	25	40	80	10	15	25
120	250	30	50	100	12	20	30
250	500	40	60	120	15	25	40
500	800	50	80	150	20	30	50

注：1. 对于"顶锥母线跳动公差"，尺寸范围对应着外径值；对于"基准端面跳动公差"，尺寸范围对应着基准端面直径值。

   2. 当三个公差组精度等级不同时，公差值按最高精度等级查取。

16.4 图样标注

齿轮精度等级、法向侧隙及法向侧隙公差种类在齿轮工作图上应予以标注，示例如下。

(1) 齿轮的三个公差组精度均为 7 级，最小法向侧隙种类是 b，法向侧隙公差种类为 B，则标注形式为

7 b GB/T 11365

(2) 齿轮的三个公差组精度均为 7 级，最小法向侧隙为 400μm，法向侧隙公差种类为 B，则标注形式为

7—400 B GB/T 11365

(3) 齿轮的第 1 公差组精度为 8 级，第 II 公差组和第 III 公差组精度相等，同为 7 级，最小法向侧隙种类是 c，法向侧隙公差种类为 B，则标注形式为

8—7—7 c   B GB/T 11365

第 17 章　圆柱蜗杆、蜗轮精度设计

17.1　精度等级和蜗杆、蜗轮的检验与公差

　　国家标准 GB10089—88 规定蜗杆、蜗轮及蜗杆传动副的精度有 12 个等级，1 级精度最高，12 级精度最低。根据蜗杆传动使用性能的要求以及误差项目的对其的影响程度，标准将蜗杆、蜗轮及蜗杆传动副制造误差的公差分成三个公差组，各公差组分成若干检验组。根据使用要求不同，允许各公差组选用不同的精度等级组合，但在同一公差组中，各项公差或极限偏差应保持相同的等级。

　　对于固定中心距的一般动力蜗杆传动，推荐的检验项目见表 17-1。其有关数值见表 17-2～表 17-6。

表 17-1　蜗杆传动检验推荐项目

	检验项目	精度等级
第 I 公差组	蜗轮齿距累积公差 F_p，蜗轮齿圈径向跳动公差 F_r	
第 II 公差组	蜗杆轴向齿距极限偏差 $\pm f_{px}$，蜗杆轴向齿距累积公差 f_{pxL}，蜗杆齿槽径向跳动公差 f_r，蜗轮齿距极限偏差 $\pm f_{pt}$	7～8
第 III 公差组	蜗杆齿形公差 f_{f1}，蜗轮齿形公差 f_{f2}，中心距极限偏差 $\pm f_a$，传动的轴交角极限偏差 f_Σ，传动的中间平面极限偏差 $\pm f_x$，最小法向侧隙 $j_{n\min}$，接触斑点	
齿坯	蜗杆、蜗轮齿坯基准面径向和端面跳动公差	

表 17-2　蜗杆公差和极限偏差 f_{px}、f_{pxL}、f_{f1} 值　　　　　单位：μm

代　号	模　　数	精度等级				
		5	6	7	8	9
$\pm f_{pt}$	≥1～3.5	4.8	7.5	11	14	20
	>3.5～6.3	6.3	9	14	20	25
	>6.3～10	7.5	12	17	25	32
	>10～16	10	16	22	32	46
	>16～25	—	22	32	45	63
f_{pxL}	≥1～3.5	8.5	13	18	25	36
	>3.5～6.3	10	16	24	34	48
	>6.3～10	13	21	32	45	63
	>10～16	17	28	40	58	80
	>16～25	—	40	53	75	100
f_{f1}	≥1～3.5	7.1	11	16	22	32
	>3.5～6.3	9	14	22	3	45
	>6.3～10	12	19	28	40	53
	>10～16	16	25	36	53	75
	>16～25	—	36	53	75	100

表 17-3　蜗杆齿槽径向跳动公差 f_r 值　　　　　单位：μm

分度圆直径 d_1(mm)	模数 m (mm)	精度等级		
		7	8	9
≥31.5~50	≥1~10	17	23	32
>50~80	≥1~16	18	25	36
>80~125	≥1~16	20	28	40
>125~180	≥1~25	25	32	45

表 17-4　蜗轮的公差或极限偏差值　　　　　单位：μm

分度弧长 L(mm)	蜗轮齿距累积公差 F_p 及 k 个齿距累积公差 F_{pk}			分度圆直径 d_2 (mm)	模数 m (mm)	蜗轮齿圈径向跳动公差 F_r			蜗轮齿距极限偏差 $\pm f_{pt}$			蜗轮齿形公差 f_{f2}		
	精度等级					精度等级								
	7	8	9			7	8	9	7	8	9	7	8	9
>11.2~20	22	32	45	≤125	≥1~3.5	40	50	63	14	20	28	11	14	22
>20~32	28	40	56		>3.5~6.3	50	63	80	18	25	36	14	20	32
>32~50	32	45	63		>6.3~10	56	71	90	20	28	40	17	22	36
>50~80	36	50	71	>125~400	≥1~3.5	45	56	71	16	22	32	13	18	28
>80~160	45	63	90		>3.5~6.3	56	71	90	20	28	40	16	22	36
>160~315	63	90	125		>6.3~10	63	80	i00	22	32	45	19	28	45
>315~630	90	125	180		>10~16	71	90	112	25	36	50	22	32	50

注：查 F_p 时取 $L=\pi d_2/2=\pi m z_2/2$，查 F_{pk} 时取 $L=k\pi m$（$2\leqslant k<z_2/2$，取整数）。对于 F_{fp}，除特殊情况外，规定取 k 值为小于 $z_2/6$ 的最大整数。

表 17-5　蜗杆传动副的安装精度　　　　　单位：μm

传动中心距 a (mm)	传动中心距极限偏差 $\pm f_a$			传动中间平面极限偏差 $\pm f_x$			传动轴交角极限偏差 $\pm f_\Sigma$			
	精度等级						蜗轮齿宽 B (mm)	精度等级		
	7	8	9	7	8	9		7	8	9
>30~50	31		50	25		40				
>50~80	37		60	30		48	≤30	12	17	24
>80~120	44		70	36		56	>30~50	14	19	28
>120~180	50		80	40		64	>50~80	16	22	32
>180~250	58		92	47		74	>80~120	19	24	36
>250~315	65		105	52		85	>120~180	22	28	42
>315~400	70		115	56		92	>180~250	25	32	48

注：蜗轮加工时的中心距偏差 f_{a0}、中间平面偏差 f_{x0} 和轴交角极限偏差 $f_{\Sigma 0}$ 应分别为蜗杆传动副的 f_a、f_x 和 f_Σ 0.75 倍。

表 17-6　蜗杆传动接触斑点的要求

精度等级	接触面积的百分比		接触位置
	沿齿高不小于	沿齿长不小于	
7	55%	50%	接触斑点痕迹应偏于啮出端，但不允许在齿顶和啮入、啮出端的棱边接触
8			
9	45%	40%	

17.2　蜗杆传动的侧隙

　　蜗杆传动的侧隙计算，主要是确定传动的最小法向侧隙和蜗杆、蜗轮的齿厚公差，必要时才计算最大法向侧隙。根据最小法向侧隙的大小，标准将侧隙分为 a、b、c、d、e、f、g、h 八种，种类 a 的值最大，其余种类的值依次减小，种类 h 的值最小为零，如表 17-7 所示。侧隙种类根据使用要求和传动的工作条件选择，与精度等级无关。

　　传动的最小法向侧隙由蜗杆齿厚的减薄量来保证，即取蜗杆齿厚上偏差 $E_{ss1} = -(j_{n\min} / \cos \alpha_n + E_{s\Delta})$，齿厚下偏差 $E_{si1} = E_{ss1} - T_{s1}$；

　　蜗轮齿厚上偏差 $E_{ss2} = 0$，齿厚下偏差 $E_{si2} = -T_{s2}$；其中，$E_{s\Delta}$ 是制造误差的补偿部分，T_{s1} 是蜗杆齿厚公差，T_{s2} 是蜗轮齿厚公差。有关数值见表 17-8～表 17-10。

表 17-7　蜗杆传动的最小法向侧隙 $j_{n\min}$ 值　　　　　　　　单位：μm

传动中心距 $a(mm)$	侧隙种类							
	h	g	f	e	d	c	b	a
≤30	0	9	13	21	33	52	84	130
>30～50	0	11	16	25	39	62	100	160
>50～80	0	13	19	30	46	74	120	190
>80～120	0	15	22	35	54	87	140	220
>120～180	0	18	25	40	63	100	160	250
>180～250	0	20	29	46	72	115	185	290
>250～315	0	23	32	52	81	130	210	320
>315～400	0	25	36	57	89	140	230	360
>400～500	0	27	40	63	97	155	250	400
>500～630	0	30	44	70	110	175	280	440
>630～800	0	35	50	80	125	200	320	500
>800～1000	0	40	56	90	140	230	360	560

表 17-8　蜗杆齿厚上偏差(E_{ss1})中的误差补偿部分 $E_{s\Delta}$ 值　　　单位：μm

精度等级	模数 m (mm)	传动中心距 a(mm)											
		≤30	>30~50	>50~80	>80~120	>120~180	>180~250	>250~315	>315~400	>400~500	>500~630	>630~800	>800~1000
5	≥1~3.5	25	25	28	32	36	40	45	48	51	56	63	71
	>3.5~6.3	28	28	30	36	38	40	45	50	63	58	65	75
	>6.3~10	—	—	—	38	40	45	48	50	56	60	68	75
	>10~16	—	—	—	45	48	50	56	60	65	71	80	80
6	≥1~3.5	30	30	32	36	40	45	48	50	56	60	65	75
	>3.5~6.3	32	36	38	40	45	48	50	56	60	63	70	75
	>6.3~10	42	45	45	48	50	52	56	60	63	68	75	80
	>10~16	—	—	—	58	60	63	65	68	71	75	80	85
	>16~25	—	—	—	—	75	78	80	85	85	90	95	100
7	≥1~3.5	45	48	50	56	60	71	75	80	85	95	105	120
	>3.5~6.3	50	56	58	63	68	75	80	85	90	100	110	125
	>6.3~10	60	63	65	71	75	80	85	90	95	105	115	130
	>10~16	—	—	—	80	85	90	95	100	105	110	125	135
	>16~25	—	—	—	—	115	120	120	125	130	135	145	155
8	≥1~3.5	50	56	58	63	68	75	80	85	90	100	110	125
	>3.5~6.3	68	71	75	78	80	85	90	95	100	110	120	130
	>6.3~10	80	85	90	90	95	100	100	105	110	120	130	140
	>10~16	—	—	—	110	115	115	120	125	130	135	140	155
	>16~25	—	—	—	—	150	155	155	160	160	170	175	180
9	≥1~3.5	75	80	90	95	100	110	120	130	140	155	170	190
	>3.5~6.3	90	95	100	105	110	120	130	140	150	160	180	200
	>6.3~10	110	115	120	125	130	140	145	155	160	170	190	210
	>10~16	—	—	—	160	165	170	180	185	190	200	220	230
	>16~25	—	—	—	—	215	220	225	230	235	245	255	270

注：精度等级按蜗杆第Ⅱ公差组确定。

表 17-9　蜗杆齿厚公差 T_{s1} 值　　　单位：μm

模数 m (mm)	精度等级					
	4	5	6	7	8	9
≥1~3.5	25	30	36	45	53	67
>3.5~6.3	32	38	45	56	71	90
>6.3~10	40	48	60	71	90	110
>10~16	50	60	80	95	120	150
>16~25	—	85	110	130	160	200

表 17-10　蜗轮齿厚公差 T_{s2} 值　　　　单位：μm

分度圆直径 d_2 (mm)	模数 m (mm)	精度等级				
		5	6	7	8	9
≤125	≥1～3.5	56	71	90	110	130
	>3.5～6.3	63	85	110	130	160
	>6.3～10	67	90	120	140	170
>125～400	≥1～3.5	60	80	100	120	140
	>3.5～6.3	67	90	120	140	170
	>6.3～10	71	100	130	160	190
	>10～16	80	110	140	170	210
	>16～25	—	130	170	210	260
>400～800	≥1～3.5	63	85	110	130	160
	>3.5～6.3	67	90	120	140	170
	>6.3～10	71	100	130	160	190
	>10～16	85	120	160	190	230
	>16～25	—	140	190	230	290
>800～1600	≥1～3.5	67	90	120	140	170
	>3.5～6.3	71	100	130	160	190
	>6.3～10	80	110	140	170	210
	>10～16	85	120	160	190	230
	>16～25	—	140	190	230	290

注：1. 精度等级按蜗轮第 II 公差组确定。
　　2. 在最小法向侧隙能保证的条件下，T_{S2} 公差带允许采用对称分布。

17.3　齿 坯 公 差

　　为保证制造精度与使用要求一致，蜗杆、蜗轮在轮齿加工、检验和安装时的基准面应尽可能一致，并在相应的零件图上予以标注。蜗杆、蜗轮齿坯公差见表 17-11、表 17-12。

表 17-11　蜗杆、蜗轮齿坯尺寸和形状公差

取公差组中最高精度等级		6	7	8	9
孔	尺寸公差	IT6	IT7		IT8
	形状公差	IT5	IT6		IT7
轴	尺寸公差	IT5	IT6		IT7
	形状公差	IT4	IT5		IT6
齿顶圆直径公差			IT8		IT9

注：齿顶圆不做测量齿厚基准时，尺寸公差按 IT11，但不大于 0.1mm。

表 17-12　蜗杆、蜗轮齿坯基准面径向和端面跳动

基准直径 (mm)	取公差组中最高精度等级		
	5～6	7～8	9～10
≤31.5	4	7	10
>31.5～63	6	10	16
>63～125	8.5	14	22
>125～400	11	18	28
>400～800	14	22	36

17.4　图样标注

蜗杆、蜗轮精度等级、齿厚极限偏差或相应的侧隙种类代号和本标准代号，工作图上予以标注，示例如下。

(1) 蜗杆的第 Ⅱ、Ⅲ 公差组的精度等级为 5 级，齿厚极限偏差为标准值，相配的侧隙种类为 f，则标注形式为

$$\text{蜗杆}\quad 5f\ \text{GB/T 10089—1988}$$

若蜗杆的齿厚极限偏差为非标准值，如上偏差为-0.27mm，下偏差为-0.40mm，则标注形式为

$$\text{蜗杆}\quad 5\binom{-0.27}{-0.40}\quad \text{GB/T 10089—1988}$$

(2) 蜗轮的第 1 公差组精度等级为 5 级，第 Ⅱ、Ⅲ 公差组的精度等级为 6 级，齿厚极限偏差为标准值，相配的侧隙种类为 f，则标注形式为

$$5\text{—}6\text{—}6\ f\ \text{GB/T 10089—1988}$$

若蜗轮的齿厚极限偏差为非标准值，如上偏差为+0.10mm，下偏差为-0.10mm，则标注形式为

$$5\text{—}6\text{—}6\quad (\pm 0.10)\quad \text{GB/T 10089—1988}$$

若蜗轮齿厚无公差要求，则标注形式为

$$5\text{—}6\text{—}6\quad \text{GB/T 10089—1988}$$

(3) 蜗轮的三个公差组精度等级同为 5 级，齿厚极限偏差为标准值，相配的侧隙种类为 f，则标注形式为

$$5\ f\ \text{GB/T 10089—1988}$$

对蜗杆传动副，应标注出相应的精度等级、侧隙种类代号和本标准代号，工作图上予以标注，示例如下。

(1) 蜗杆传动副的三个公差组精度等级同为 5 级，侧隙种类为 f，则标注形式为

$$5\ f\ \text{GB/T 10089—1988}$$

(2) 蜗杆传动副的第 1 公差组精度等级为 5 级，第 Ⅱ、Ⅲ 公差组的精度等级为 6 级，侧隙种类为 f，则标注形式为

$$\text{传动}\ 5\text{—}6\text{—}6\quad f\quad \text{GB/T 10089—1988}$$

若法向侧隙为非标准值时，如 $j_{n\min}=0.03\text{mm}$，$j_{n\max}=0.06\text{mm}$，则标注形式为

$$\text{传动}\ 5\text{—}6\text{—}6\quad \binom{0.03}{0.06}\quad \text{GB/T 10089—1988}$$

第 18 章　课程设计参考图例

18.1　减速器外观图

图 18-1　单级圆柱齿轮减速器

图 18-2　分流式双级圆柱齿轮减速器

图 18-3　同轴式双级圆柱齿轮减速器

图 18-4　圆锥减速器

图 18-5　圆锥-圆柱齿轮减速器

图 18-6　蜗杆减速器(蜗杆下置)

图 18-7　蜗杆-齿轮减速器

图 18-8　摆线式行星减速器

18.2　减速器装配图

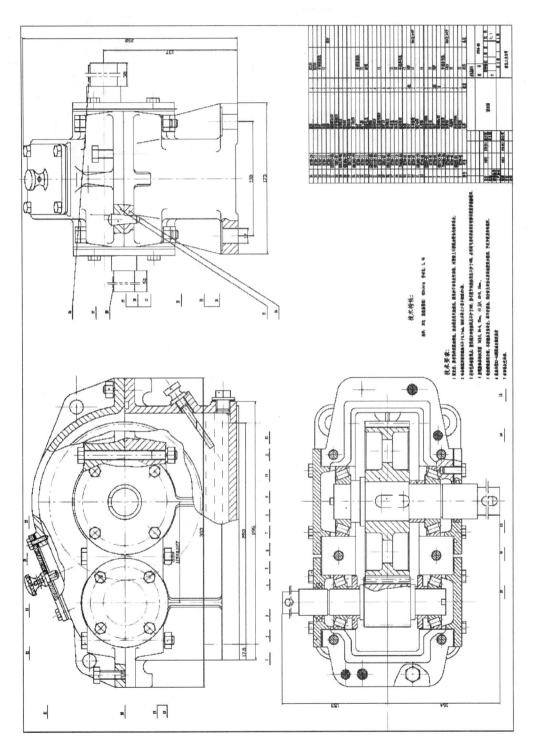

图 18-9　一级圆柱齿轮减速器

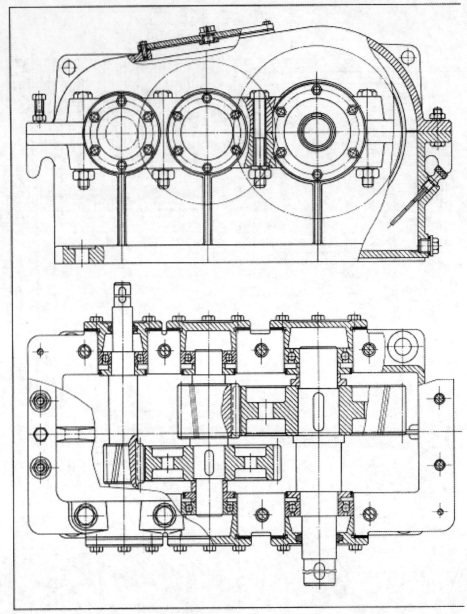

图 18-10　二级圆柱齿轮减速器(脂润滑)

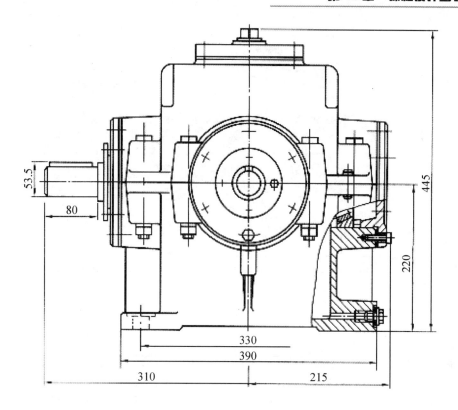

技术要求

1. 装配前，所有零件进行清洗，机体内壁涂耐油油漆。
2. 啮合侧隙C_n的大小用铅丝检验，保证侧隙不小于0.17，所用铅丝直径不得大于最小侧隙的2倍。
3. 用涂色法检验斑点，齿高和齿长接触斑点都不小于50%。
4. 调整、固定轴承时应留轴向间隙0.05。
5. 减速器剖分面、各接触面及密封处均不许漏油，剖分面允许涂密封胶或水玻璃。
6. 机盖上吊耳钩只用于吊机盖，吊起整机时用机座上的吊钩。
7. 减速器装L-AN46润滑油至规定高度。
8. 减速器外表面涂灰色油漆。

图 18-10　二级圆柱齿轮减速器(脂润滑)(续)

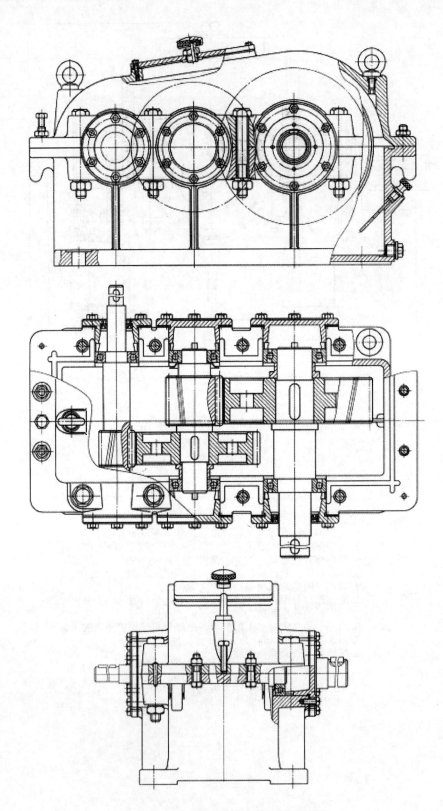

图 18-11　二级圆柱齿轮减速器(油润滑)

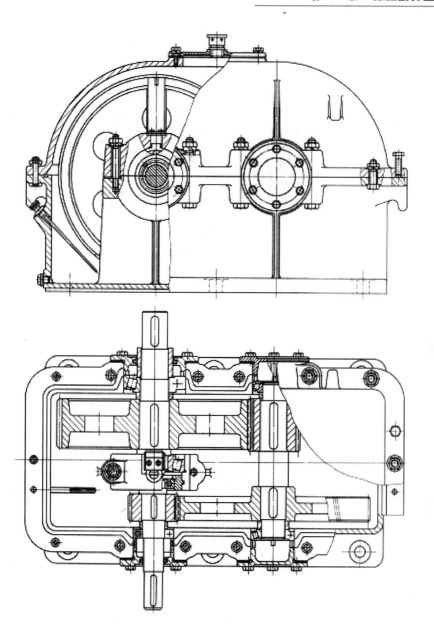

图 18-12　二级同轴式圆柱齿轮减速器

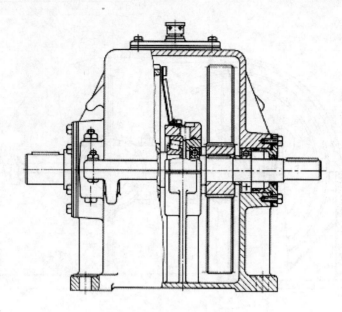

中间轴承零件结构方案

(1)   (2)

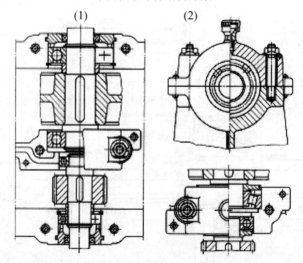

图 18-12　二级同轴式圆柱齿轮减速器(续)

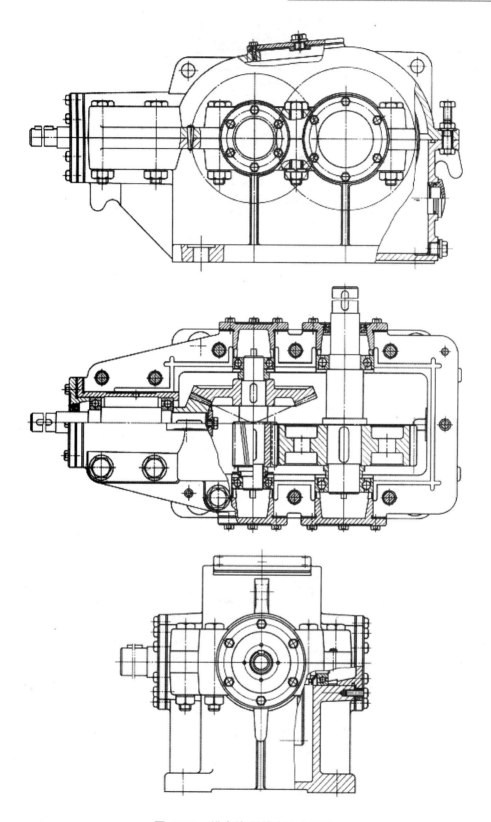

图 18-13 锥齿轮-圆柱齿轮减速器

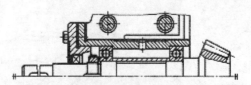

小锥齿轮轴轴承反装方案

图 18-13　锥齿轮-圆柱齿轮减速器(续)

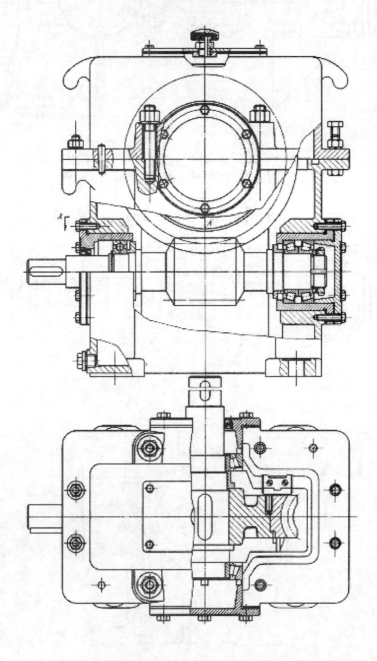

图 18-14　一级蜗杆减速器

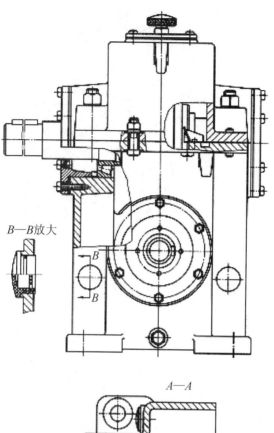

$B{-}B$放大

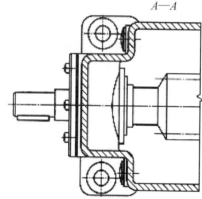

$A{-}A$

图 18-14　一级蜗杆减速器(续)

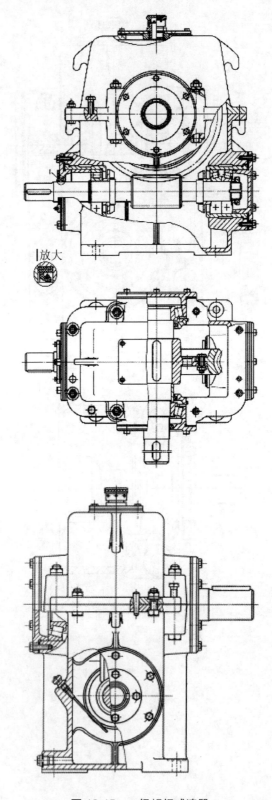

放大

图 18-15　一级蜗杆减速器

18.3 减速器零件图

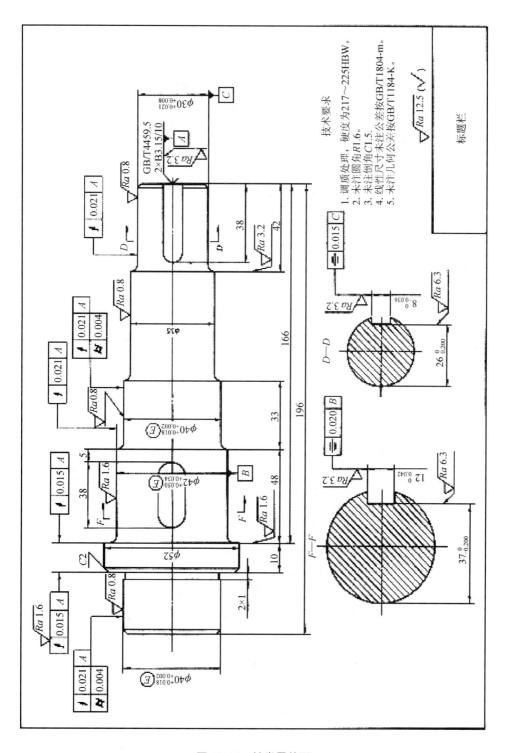

图 18-16 轴类零件图

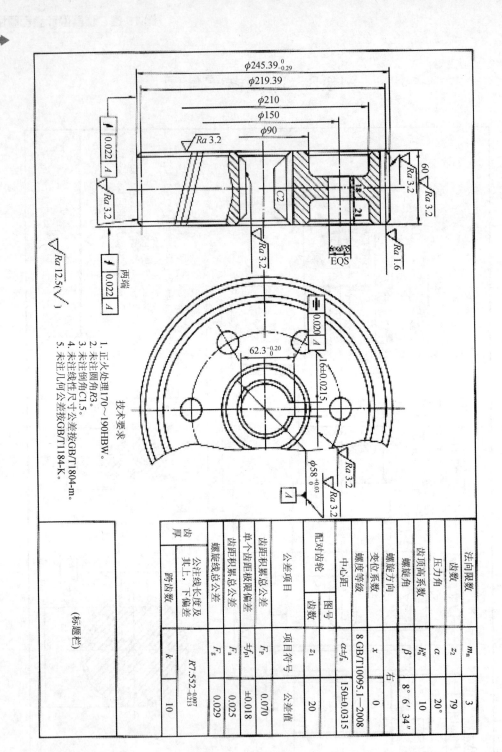

图 18-17　圆柱齿轮零件图

	备 注	模数	齿数	法向压力角	分度圆直径	分锥角	根锥角	锥距	螺旋角及方向	变位系数	测量		精度等级			接触斑点	全齿高	轴交角	回隙	配对齿轮齿数	配对齿轮图号	公差组			项目代号	

标题栏

技术要求

1. 正火处理，硬度为170～200HBW。
2. 未注圆角R3。
3. 未注倒角C2。
4. 未注线性尺寸公差按GB/T1804-m。
5. 未注几何公差按GB/T1184-K。

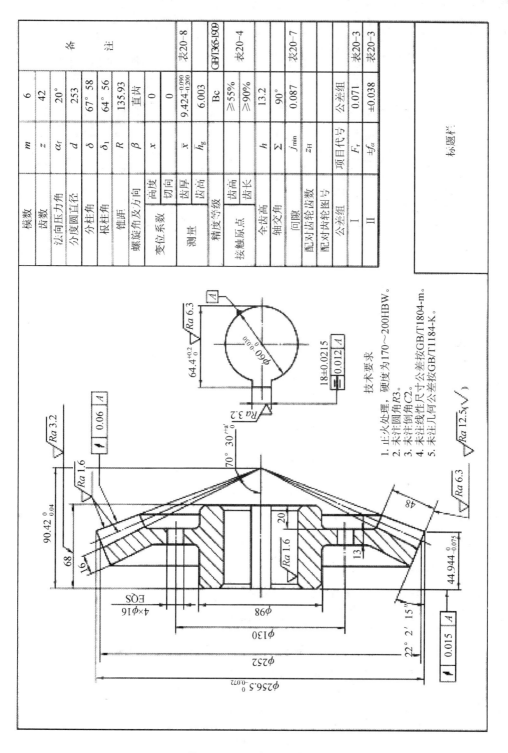

图 18-18　锥齿轮零件图

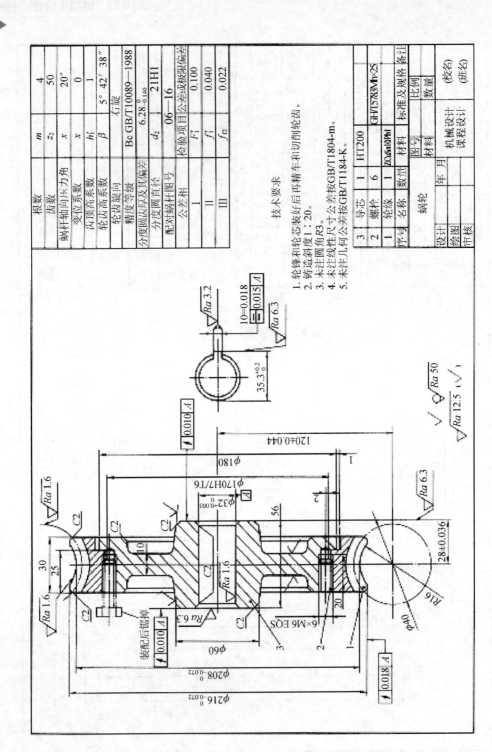

图 18-19　蜗轮零件图

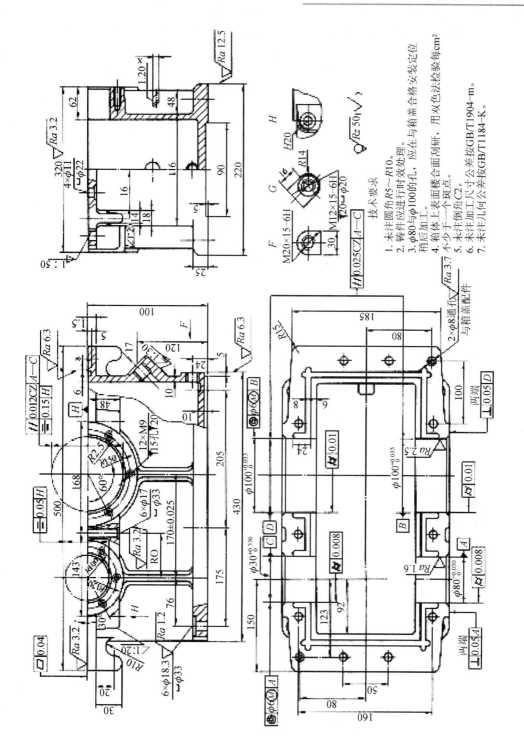

技术要求

1. 未注圆角 R5～R10。
2. 铸件应进行时效处理。
3. φ80 与 φ100 的孔，应在与箱盖合格后安装定位销后加工。
4. 箱体上表面楼合面刷研，用双色法检验每 cm²小于一个斑点。
5. 未注加工倒角 C2。
6. 未注加工尺寸公差按 GB/T1904-m。
7. 未注几何公差按 GB/T1184-K。

图 18-20 箱座零件图